中国腐蚀状况及控制战略研究丛书

海洋钢结构浪花飞溅区
腐蚀控制技术
（第二版）

侯保荣 等 著

科学出版社

北京

内 容 简 介

本书综合了作者几十年来在海洋环境,特别是浪花飞溅区钢铁设施腐蚀规律和修复保护方面的研究成果。全书分为五章,分别介绍海洋腐蚀与防护研究的重要性、海洋钢结构在浪花飞溅区腐蚀现象和腐蚀行为、海洋钢结构浪花飞溅区腐蚀防护方法、复层矿脂包覆防腐技术的防腐原理、施工工艺及工程应用等内容。

本书内容翔实,数据丰富,可读性强,既可以作为海洋环境腐蚀,特别是浪花飞溅区腐蚀防护方面的科普性读物,又可以为滨海或海上码头、平台、桥梁、电厂等重大海洋钢桩式构筑物防腐蚀设计、施工、管理和维护等提供参考。本书适用于有关高等院校、研究院所、工矿企业等研究参考,也可用于指导技术、施工及管理人员开展相关防腐蚀工程。

图书在版编目(CIP)数据

海洋钢结构浪花飞溅区腐蚀控制技术/侯保荣等著. —2 版. —北京:科学出版社,2016.5

(中国腐蚀状况及控制战略研究丛书)

ISBN 978-7-03-048100-9

Ⅰ.①海… Ⅱ.①侯… Ⅲ.①海洋工程–工程结构–钢结构–海水腐蚀–控制 Ⅳ.①P75

中国版本图书馆 CIP 数据核字(2016)第 085649 号

责任编辑:李明楠 高 微/责任校对:贾伟娟
责任印制:张 伟/封面设计:铭轩堂

科 学 出 版 社 出版

北京东黄城根北街 16 号
邮政编码:100717
http://www.sciencep.com

北京中石油彩色印刷有限责任公司 印刷

科学出版社发行 各地新华书店经销

*

2011 年 6 月第 一 版 开本:B5(720×1000)
2016 年 5 月第 二 版 印张:14 1/4
2016 年 5 月第一次印刷 字数:284 000

定价:88.00 元

(如有印装质量问题,我社负责调换)

丛 书 序

腐蚀是材料表面或界面之间发生化学、电化学或其他反应造成材料本身损坏或恶化的现象,从而导致材料的破坏和设施功能的失效,会引起工程设施的结构损伤,缩短使用寿命,还可能导致油气等危险品泄漏,引发灾难性事故,污染环境,对人民生命财产安全造成重大威胁。

由于材料,特别是金属材料的广泛应用,腐蚀问题几乎涉及各行各业。因而腐蚀防护关系到一个国家或地区的众多行业和部门,如基础设施工程、传统及新兴能源设备、交通运输工具、工业装备和给排水系统等。各类设施的腐蚀安全问题直接关系到国家经济的发展,是共性问题,是公益性问题。有学者提出,腐蚀像地震、火灾、污染一样危害严重。腐蚀防护的安全责任重于泰山!

我国在腐蚀防护领域的发展水平总体上仍落后于发达国家,它不仅表现在防腐蚀技术方面,更表现在防腐蚀意识和有关的法律法规方面。例如,对于很多国外的房屋,政府主管部门依法要求业主定期维护,最简单的方法就是在房屋表面进行刷漆防蚀处理。既可以由房屋拥有者,也可以由业主出资委托专业维护人员来进行防护工作。由于防护得当,许多使用上百年的房屋依然完好、美观。反观我国的现状,首先是人们的腐蚀防护意识淡薄,对腐蚀的危害认识不清,从设计到维护都缺乏对腐蚀安全问题的考虑;其次是国家和各地区缺乏与维护相关的法律与机制,缺少腐蚀防护方面的监督与投资。这些原因就导致了我国在腐蚀防护领域的发展总体上相对落后的局面。

中国工程院"我国腐蚀状况及控制战略研究"重大咨询项目工作的开展是当务之急,在我国经济快速发展的阶段显得尤为重要。借此机会,可以摸清我国腐蚀问题究竟造成了多少损失,我国的设计师、工程师和非专业人士对腐蚀防护了解多少,如何通过技术规程和相关法规来加强腐蚀防护意识。

项目组将提交完整的调查报告并公布科学的调查结果,提出切实可行的防腐蚀方案和措施。这将有效地促进我国在腐蚀防护领域的发展,不仅有利于提高人们的腐蚀防护意识,也有利于防腐技术的进步,并从国家层面上把腐蚀防护工作的地位提升到一个新的高度。另外,中国工程院是我国最高的工程咨询机构,没有直属的科研单位,因此可以比较超脱和客观地对我国的工程技术问题进行评估。把这样一个项目交给中国工程院,是值得国家和民众信任的。

这套丛书的出版发行,是该重大咨询项目的一个重点。据我所知,国内很多领域的知名专家学者都参与到丛书的写作与出版工作中,因此这套丛书可以说涉及了我国生产制造领域的各个方面,应该是针对我国腐蚀防护工作的一套非常全面的丛书。我相信它能够为各领域的防腐蚀工作者提供参考,用理论和实例指导我国的腐蚀防护工作,同时我也希望腐蚀防护专业的研究生甚至本科生都可以阅读这套丛书,这是开阔视野的好机会,因为丛书中提供的案例是在教科书上难以学到的。因此,这套丛书的出版是利国利民、利于我国可持续发展的大事情,我衷心希望它能得到业内人士的认可,并为我国的腐蚀防护工作取得长足发展贡献力量。

徐匡迪

2015 年 9 月

丛 书 前 言

众所周知,腐蚀问题是世界各国共同面临的问题,凡是使用材料的地方,都不同程度地存在腐蚀问题。腐蚀过程主要是金属的氧化溶解,一旦发生便不可逆转。据统计估算,全世界每90秒钟就有一吨钢铁变成铁锈。腐蚀悄无声息地进行着破坏,不仅会缩短构筑物的使用寿命,还会增加维修和维护的成本,造成停工损失,甚至会引起建筑物结构坍塌、有毒介质泄漏或火灾、爆炸等重大事故。

腐蚀引起的损失是巨大的,对人力、物力和自然资源都会造成不必要的浪费,不利于经济的可持续发展。震惊世界的"11·22"黄岛中石化输油管道爆炸事故造成损失7.5亿元人民币,但是把防腐蚀工作做好可能只需要100万元,同时避免灾难的发生。针对腐蚀问题的危害性和普遍性,世界上很多国家都对各自的腐蚀问题做过调查,结果显示,腐蚀问题所造成的经济损失是触目惊心的,腐蚀每年造成损失远远大于自然灾害和其他各类事故造成损失的总和。我国腐蚀防护技术的发展起步较晚,目前迫切需要进行全面的腐蚀调查研究,摸清我国的腐蚀状况,掌握材料的腐蚀数据和有关规律,提出有效的腐蚀防护策略和建议。随着我国经济社会的快速发展和"一带一路"战略的实施,国家将加大对基础设施、交通运输、能源、生产制造及水资源利用等领域的投入,这更需要我们充分及时地了解材料的腐蚀状况,保证重大设施的耐久性和安全性,避免事故的发生。

为此,中国工程院设立"我国腐蚀状况及控制战略研究"重大咨询项目,这是一件利国利民的大事。该项目的开展,有助于提高人们的腐蚀防护意识,为中央、地方政府及企业提供可行的意见和建议,为国家制定相关的政策、法规,为行业制定相关标准及规范提供科学依据,为我国腐蚀防护技术和产业发展提供技术支持和理论指导。

这套丛书包括了公路桥梁、港口码头、水利工程、建筑、能源、火电、船舶、轨道交通、汽车、海上平台及装备、海底管道等多个行业腐蚀防护领域专家学者的研究工作经验、成果以及实地考察的经典案例,是全面总结与记录目前我国各领域腐蚀防护技术水平和发展现状的宝贵资料。这套丛书的出版是该项目的一个重点,也是向腐蚀防护领域的从业者推广项目成果的最佳方式。我相信,这套丛书能够积极地影响和指导我国的腐蚀防护工作和未来的人才培养,促进腐蚀与防护科研成果的产业化,通过腐蚀防护技术的进步,推动我国在能源、交通、制造业等支柱产业上的长足发展。我也希望广大读者能够通过这套丛书,进一步关注我国腐蚀防护技术的发展,更好地了解和认识我国各个行业存在的腐蚀问题和防腐策略。

　　在此,非常感谢中国工程院的立项支持以及中国科学院海洋研究所等各课题承担单位在各个方面的协作,也衷心地感谢这套丛书的所有作者的辛勤工作以及科学出版社领导和相关工作人员的共同努力,这套丛书的顺利出版离不开每一位参与者的贡献与支持。

侯保荣
2015 年 9 月

第 二 版 序

开发海洋资源，发展海洋经济，和平利用和保护海洋已成为国家建设的重要内容。随着"一带一路"战略的实施，在"十三五"及今后更长的一段时期，我国将进行广泛的海洋资源开发和海上交通运输设施建设，包括港口码头、跨海大桥、滨海电厂等基础设施，这些设施通常都是钢铁结构和钢筋混凝土结构。由于海洋环境腐蚀的严重性，如果这些工程设施不能得到很好的腐蚀控制，有可能发生腐蚀破坏，从而造成巨大的经济损失，乃至严重的灾难性事故。为了保证各种工程的耐久性和安全性，实现经济效益和社会效益的最大化，防腐蚀保护工作迫在眉睫。

由腐蚀造成的损失是巨大的。根据世界多个国家的统计，每年因腐蚀造成的经济损失约占国民经济生产总值的 3%～5%。按 3%的比例计算，我国在 2014 年的腐蚀损失接近 20 000 亿元。如果采用有效的控制和防护措施，25%～40%的腐蚀损失可以避免。因此，腐蚀与控制技术的研究对于国家经济建设和国防建设具有重大意义。国内外研究和工程实践表明，各种钢铁和钢筋混凝土工程设施在海洋浪花飞溅区的腐蚀破坏最为严重，其腐蚀速率约为海水全浸区腐蚀的 3～10 倍。一旦在这个区域发生严重的腐蚀破坏，整个设施的承载能力将大大降低，服役寿命缩短，从而影响安全生产，甚至导致设施的过早失效。海洋工程结构浪花飞溅区的腐蚀控制、监测和维护工作的优劣直接关系到我国海洋工程建设的百年大计。

在国家科技支撑计划支持下，"海洋工程结构浪花飞溅区腐蚀控制技术及应用"项目取得了一系列具有自主知识产权的成果，复层矿脂包覆防腐技术就是一项应用于海洋浪花飞溅区钢结构防腐蚀的重要技术。随着该技术研究的深入和工程应用的推广，《海洋钢结构浪花飞溅区腐蚀控制技术》一书初版原有内容已不能满足目前工程的需要，因此在第二版中增加了该技术新的有代表性的工程案例，以适应更加复杂的腐蚀环境和腐蚀问题。相信该书的出版将会促进复层矿脂包覆防腐技术在工程设施的应用，取得显著的经济效益和社会效益，为腐蚀与防护产业发展作出重要贡献。

2016 年 2 月

第 一 版 序

21世纪是海洋的世纪，我国海洋产业迅速发展，蓝色经济生机勃勃，正逐步成为我国经济新的增长点。海洋资源将以惊人的速度和规模被开发和利用，这就对各类海工设施的耐久性和稳定性提出了更高的要求。

然而，海洋腐蚀无时无刻不在发生，严重破坏蓝色经济赖以发展的海工设施。2009年我国的腐蚀损失约为1万亿元人民币，这不但造成了资源的无谓消耗，更加严重阻碍了海洋产业的发展。研究表明，若能将现代腐蚀防护技术应用到海工设施的防护中去，将可以减少25%～40%的经济损失。因此，加快发展战略性海洋新型防腐蚀技术，并将其应用到海工设施的防护中去，及时抑制海洋腐蚀的发生，延长其使用寿命，对保障我国蓝色经济健康有序的发展具有重大意义。

在蓝色经济的开发和建设过程中，大量海洋工程基础设施开始兴建，如港口码头、跨海大桥、海洋石油平台、栈桥等，钢铁和钢筋混凝土是最常用的两种材料。海洋腐蚀环境极为苛刻，海洋环境中的金属结构物如不采取有效的防护措施，在短短的几年内就会因腐蚀而造成破坏。特别是在浪花飞溅区，钢结构表面由于受到海水的周期润湿，处于干湿交替状态，氧供应充分，盐分高，温度差异大及波浪冲击等因素作用，腐蚀特别严重。钢结构在浪花飞溅区的腐蚀速率比海水中高3～10倍，并易发生局部腐蚀破坏，这会使整座钢结构的承载力大大降低，严重影响着钢构造物的使用寿命和安全生产。

中国科学院海洋研究所自20世纪60年代开始，就一直从事我国海洋工程设施的腐蚀规律与控制技术研究，长期致力于海洋浪花飞溅区腐蚀规律与防腐蚀方法研究工作，对于海洋浪花飞溅区的钢结构腐蚀研究更有独到之处。特别是在"十一五"国家科技支撑计划支持下，在浪花飞溅区包覆防护技术领域取得了重大的突破。

在国家科技支撑计划支持下，中国科学院海洋研究所研究成功了具有自主知识产权的可带水操作的复层矿脂包覆防腐技术，突破了海洋腐蚀防护的技术瓶颈，解决了海洋浪花飞溅区的腐蚀防护和修复难题，为我国海洋工程设施的保护做出了贡献。本书是侯保荣院士主持的课题"现役海洋钢结构浪花飞溅区腐蚀防护修复技术及工程示范"所取得的成果的结晶，也是《海洋工程结构浪花飞溅区腐蚀控制技术及应用丛书》之一。

相信此书的出版，将会使人们对海洋浪花飞溅区的腐蚀危害性有一个更为全面而清晰的认识，其研发的海洋浪花飞溅区复层矿脂包覆防腐技术将会在我国海洋钢铁设施上得到更广泛的应用，并取得显著的经济效益和社会效益，为我国海洋钢结构工程设施腐蚀防护做出重要贡献。

曹楚南

2010 年 11 月

第二版前言

本书第一版自 2011 年 6 月出版以来,引起了腐蚀领域专家、同行的广泛关注。伴随着海洋浪花飞溅区腐蚀规律的研究及其腐蚀控制技术的蓬勃发展,本书第一版的内容已经不能准确表述当下学者们对海洋浪花飞溅区腐蚀规律认识的发展与防护策略的应用。

随着我国蓝色经济的迅猛发展,2014 年中国海洋经济生产总值近 6 万亿元人民币,海洋经济生产总值对全国 GDP 贡献约为 9.4%。在海洋环境中,腐蚀是一种悄悄发生的破坏,崭新的海洋钢结构设施在不知不觉中生锈报废,不仅威胁着生产安全,更威胁着人民群众的生命安全。近年来,随着人们对于海洋腐蚀问题关注程度的持续升温,防护需求更加迫切。伴随中国工程院"我国腐蚀状况及控制战略研究"重大咨询项目工作的开展,国家、企业、民众的腐蚀防护意识不断提高,海洋防腐技术不断完善进步,我国海洋防腐蚀事业的发展也达到了历史的新高度。因此,本项目成为了我国腐蚀防护工作者认识我国工程设施腐蚀情况的重大契机,通过此次腐蚀调查,了解我国的工程设施损失严重的关键问题,加大投入力度,做到"对症下药",将防护手段转化为国家的实际效益,利国利民。

作为海洋中腐蚀最为严重的区带,浪花飞溅区的腐蚀问题一直是海洋腐蚀防护的重点。随着对浪花飞溅区的腐蚀规律研究的不断深入,对其防护方法的开发不断提高完善,人们对于海洋浪花飞溅区腐蚀严重性与防护迫切性的认识已经迈出了重要的一步。在国家科技计划支撑下,中国科学院海洋研究所开发的具有自主知识产权的复层矿脂包覆防腐技术在过去五年里不仅在浪花飞溅区钢桩的防护中起到了良好效果,还在海上风电、埋地不规则管道等难以防护的结构上取得了重大突破。复层矿脂包覆防腐技术应用的地域广泛性、结构多元化及其防腐蚀性能长效性成为技术的核心优势。

在本书第一版中介绍的各项工程应用中,复层矿脂包覆防腐技术至今防护效果完好,保证着工程设施的安全运行。在本书第二版中对复层矿脂包覆防腐技术的应用进行更加详细、完整的介绍,包括其在码头钢桩、石油平台、风电设备、大桥栈桥、埋地管道等多方面的应用。

本书是本团队几十年对海洋腐蚀,特别是对浪花飞溅区腐蚀的研究结晶,也是《中国腐蚀状况及控制战略研究》丛书之一。相信本书的再版,会使人们对于海洋浪花飞溅区的腐蚀规律有更加深刻的理解,对于各种防护手段的科学运用有更加清晰的认识。

在复层矿脂包覆防腐技术的示范工程中得到了江苏海上龙源风力发电有限公司、杭州湾跨海大桥管理局、舟山中化兴中码头、中海福建天然气有限责任公司等单位的大力协助，在此表示诚挚谢意！

本书是中国工程院"我国腐蚀状况及控制战略研究"重大咨询项目工作的有机组成部分，也是我们多年来在海洋浪花飞溅区腐蚀与防护研究成果的总结。

由于时间仓促，本书难免存在不足与疏漏，恳请广大读者批评指正！

侯保荣

2016 年 2 月

第一版前言

潮起潮落，浪花飞溅，这是一道多么美丽的风景线。但对海洋工程的各种金属及混凝土材料来说，时而汹涌、时而优雅的大海，却是一种十分严酷的腐蚀环境，尤其是那一朵朵飞溅的美丽浪花，更是海洋工程的天敌。

潮起潮落，浪花飞溅。对于钢桩式构筑物来说，飞溅的浪花却是"吃金属的老虎"。国内外大量研究和实践表明，海洋浪花飞溅区是钢桩式构筑物腐蚀最严重的区带，该区域的严重腐蚀会大大降低码头、桥梁等海洋钢结构设施的承载力，缩短维修周期和使用寿命，严重危及构筑物安全，甚至会发生人身事故。

潮起潮落，浪花飞溅。由于干湿交替，在海洋浪花飞溅区，通常的涂料和电化学保护都不能发挥长期和有效的保护作用，成为海洋钢结构腐蚀防护的"短板"。因此，要想延长海洋钢结构物整体的使用寿命，必须发展有效的浪花飞溅区防腐蚀技术，使这一"短板"增强。

国内外腐蚀科学工作者也一直孜孜不倦地研究各种浪花飞溅区的腐蚀防护方法。中国科学院海洋研究所也长期致力于海洋腐蚀与防护技术的研究工作，在海洋浪花飞溅区腐蚀规律和防护技术领域开展了大量扎实的工作。针对浪花飞溅区腐蚀防护的难题，我们与日本中防防蚀株式会社[（株）NAKABOHTEC]合作开发了浪花飞溅区复层矿脂包覆技术。"十一五"期间，我们得到国家支撑计划的支持，在海洋钢结构浪花飞溅区腐蚀防护技术领域取得了突破性进展。我们对复层矿脂包覆防腐技术的关键成分及生产工艺等开展了深入攻关研究，申请了复层矿脂包覆防腐技术发明专利，并得到国家专利局授权。复层矿脂包覆防腐技术采用了优良的缓蚀剂成分，并采用了能隔绝氧气的密封技术，系统由紧密相连的矿脂防蚀膏、矿脂防蚀带、密封缓冲层和防蚀保护罩等构成，分成若干个系列，对各种复杂形状的钢铁设施均可以实施保护。

该技术对表面处理要求低，施工方便，可带水作业；具有良好密闭性和抗冲击性能；质量轻，对结构物几乎无附加载荷；绿色环保，无毒无污染。复层矿脂包覆防腐技术防腐蚀效果优异，能大大延长海洋钢结构设施的维修周期和服役寿命，节省大量的维修保养费用，对保护海洋钢结构设施的安全运行具有重要的经济价值和社会意义。在国家科技部门的支持下，我们将该技术在海洋石油平台、港口码头、海上风力发电等设施上开展了工程示范应用，保护效果十分显著。

全书主要内容分为 5 章，第 1 章概要介绍了海洋腐蚀研究的重要意义和海洋腐蚀与防护的主要研究内容，第 2 章介绍了海洋浪花飞溅区腐蚀的严重性、国内外研究进展及腐蚀破坏机理，第 3 章介绍了海洋钢结构在浪花飞溅区中的若干防护手段和方法，第 4 章着重介绍了复层矿脂包覆防腐材料的组成及其性能，第 5 章重点介绍了复层矿脂包覆防腐技术施工规范及在国内外应用实例，最后附有海洋钢结构浪花飞溅区复层矿脂包覆修复技术施工工艺规范。

在复层矿脂包覆防腐技术的示范工程施工过程中得到了青岛港（集团）有限公司、淄博宏泰防腐有限公司、中交水运规划设计研究院有限公司、青岛科技大学、胜利石油管理局、上海联和科海材料有限公司、湛江市港务局等单位的大力协助，在此表示衷心感谢。

本书是我们所承担的国家科技支撑计划课题"现役海洋钢结构浪花飞溅区腐蚀防护修复技术及工程示范"工作的有机组成部分，也是我国多年来在海洋浪花飞溅区腐蚀与防护研究成果的总结。长期以来，中国科学院海洋研究所海洋腐蚀与防护研究发展中心的各位同仁，在海洋浪花飞溅区腐蚀与防护技术研究、复层矿脂包覆防腐技术研究开发、示范工程、现场施工等方面开展了大量卓有成效的工作。本书的成果是集体劳动和智慧的结晶，在此，也一并表示衷心感谢！本书的出版得到了国家科学技术学术著作出版基金的资助，在此，表示诚挚谢意。

由于作者水平有限，本书难免存在不足和疏漏，恳请广大读者批评指正！

侯保荣

2011 年 1 月

目　　录

第1章 绪 论

1.1 概 述

　　海洋是生命的摇篮、风雨的故乡、气候的调节器、交通的要道、资源的宝藏以及国防的屏障，而且是人类生存与发展不可缺少的空间环境，是解决人口剧增、资源短缺、环境恶化三大难题的希望所在。近年来，在不断增长的生存压力下，世界各国正想方设法寻求改善生活质量和可持续发展的道路，沿海各国纷纷把目光投向了海洋。各国正在加紧制订海洋发展规划，大力发展海洋高新科技，强化海军建设和海洋管理，不断加快海洋资源开发步伐。海洋资源的开发利用和海洋环境安全已成为世界各国经济与科技竞争的焦点之一。海洋资源的合理有效的开发利用与民族兴旺、国家繁荣紧紧连在一起。

　　21 世纪是海洋开发的新时代，全球已经把经济重心转向海洋经济。中国作为一个海洋资源丰富的国家，有着 18 000km 的海岸线，海域面积超过 300 万 km^2。海洋资源和海洋经济已成为国家发展的重要支柱。2009 年 4 月，胡锦涛总书记在视察山东省时，从战略高度指出"要大力发展海洋经济，科学开发海洋资源，培育海洋优势产业，打造山东半岛蓝色经济区"。2010 年，山东省相关部门制定出《山东半岛蓝色经济区发展规划》，在山东省建立蓝色经济开发区；2011 年 1 月，国务院以国函[2011]1 号文件批复了该规划，是"十二五"开局之年第一个获批的国家发展战略，也是我国第一个以海洋经济为主题的区域发展战略，标志着山东半岛蓝色经济区建设上升为国家战略，成为国家海洋发展战略和区域协调发展战略的重要组成部分。

　　现代蓝色经济包括为开发海洋资源和依赖海洋空间而进行的生产活动，以及直接或间接为开发海洋资源及空间的相关服务性产业活动。山东半岛蓝色经济区是以山东半岛丰富的海洋资源为基础，开发海洋优势产业、临海产业及涉海产业，保持经济、生态、社会协调发展的现代海洋经济特区。在蓝色经济的开发和建设过程中，大量海洋工程设施开始兴建，如港口码头、跨海大桥、海洋石油平台、栈桥等，钢铁和钢筋混凝土是其中最常用的两类材料。海洋腐蚀环境极为苛刻，海洋环境中的金属结构物如果不采取有效的防护措施，在短短的几年内就会因腐蚀而遭受破坏，对海洋环境中的金属结构物采取有效的防护技术则可以挽回其中 25%～40%的损失，因此，减少腐蚀损失对于建设山东半岛蓝色经济区具有非常重要的作用，做好海洋腐蚀研究及防护工作对蓝色经济区的发展具有非常重要的意义。

近年来，中国海洋经济呈现快速发展的趋势。据统计，2009 年，全国海洋生产总值 31 964 亿元[1]，而在 2014 年，海洋生产总值已达 59 936 亿元，对全国 GDP 贡献约为 9.4%。传统海洋产业、海洋交通运输业、滨海旅游业和海洋渔业等持续发展，海洋新兴产业如海洋油气业、海洋船舶业、海洋电力业、海水利用业、海洋化工业、海洋生物医药业等保持快速发展。

我国《国家中长期科学与技术发展规划纲要（2006—2020）》对于交通运输业明确提出，交通运输基础设施建设是优先发展的主题之一，其中，重点开发跨海湾通道、离岸深水港、大型桥梁等高难度交通运输基础设施建设。我国的海港、桥梁、隧道以及海岸工程建设蓬勃发展，沿海地区钢结构和钢筋混凝土结构设施的数量迅速增长。在跨海大桥建设方面，最近几年已竣工、开工和即将开工建设的有东海大桥、杭州湾大桥、厦门海沧大桥、舟山大陆连岛工程、上海长江大桥、青岛海湾大桥、苏通大桥、港珠澳大桥等几十座跨海大桥。在港口建设方面，我国重大港口设施如曹妃甸码头、鲅鱼圈码头已竣工并投入运行。海洋石油开发也是我国海洋开发的重点之一，国内已建有数百个海洋钢结构石油平台，而且管理着若干个在国外的石油开采平台，正在开展更多海洋油气资源的开发工作；其他如滨海火电或核电设施、大型船舶设施也正在规划建设中。

如前所述，随着海洋资源的不断开发和利用，海洋产业包括临海工业、海上风电、海洋大通道工程、人工岛和码头以及海上石油平台、海底油气输送管线等海洋工程设施成倍增加。所有这些大型工程的基本构架都是由钢结构或者钢筋混凝土结构组成的，它们不可避免地要遭受海洋环境腐蚀的破坏。海洋腐蚀严重威胁着这些海洋工程设施的安全，保障海洋工程设施的安全是开发利用海洋资源的重中之重。

1.2 海洋腐蚀的严重性及危害

腐蚀是一种悄悄在进行的破坏，不易被重视。因此，对于腐蚀造成的破坏和损失往往给人的印象不那么深刻[2]。但是，腐蚀无时无刻不在进行，海洋腐蚀所带来的损失是巨大的。

世界上工业发达国家对腐蚀损失调查十分重视，美国、日本、英国、德国、澳大利亚等国曾多次对本国的腐蚀损失及腐蚀控制状况进行过调查。英国于 1970 年发表的 Hoar 报告指出，英国由腐蚀造成的损失为 13.65 亿英镑，占国民经济总产值的 3.5%，当时震惊了全世界。美国 1984 年的腐蚀损失为 1680 亿美元，1989

年的腐蚀损失为 2000 亿美元,约占国民经济总产值的 4.2%;2002 年发布了第七次腐蚀损失调查报告,结果表明 1998 年美国因腐蚀带来的直接经济损失达 2760 亿美元,占国民经济总产值的 3.1%[3]。日本腐蚀防蚀协会用 Uhlig 和 Hoar 两种方法在 1975 年和 1999 年进行了两次腐蚀损失调查,1999 年的调查报告指出,1997～1998 年日本的直接腐蚀损失约为 39 380 亿日元[4]。其他国家像德国、印度、原苏联、法国等也都做过类似的调查,报告指出由腐蚀带来的直接经济损失也都在 3% 左右。如果按照腐蚀损失占国民经济总产值的 3% 计算,2014 年我国的腐蚀损失超过 19 000 亿元人民币,其中,海洋腐蚀损失占相当大的比例。

与海洋开发相伴而来的是海洋环境的腐蚀问题。与其他环境的腐蚀相比,海洋腐蚀尤为严重。海洋对于各种结构材料来说都是一种十分严酷的腐蚀环境。

海水是一种强电解质溶液,海洋环境又是一种极为复杂的腐蚀环境,温度、盐度、溶解氧、pH、流速、海洋生物等环境因子都是影响腐蚀的重要因素,海洋环境的腐蚀性比陆地环境的腐蚀性要高得多[5]。

表 1-1 是 ISO 12944 典型腐蚀环境分类表。可以看出,典型腐蚀环境分为 5 级,海洋属于腐蚀性最高的环境。海洋环境中,钢铁和钢筋混凝土是应用最广泛的海洋设施结构材料,必须采取切实可行的防腐蚀措施。

表 1-1 ISO 12944 典型腐蚀环境分类

腐蚀等级	质量损失/(g/m²)/厚度损失/μm	外部环境举例	内部环境举例
C1,C2 很低,低	<10～200/1.5～25	乡村/干燥的区域,低污染	中性大气环境
C3 中	200～400/25～50	城市和工业大气环境,中等程度 SO₂ 污染,低盐度的海岸地区	高湿度和轻度污染车间
C4 高	400～650/50～80	工业地区和中等盐度的海岸地区	化工厂,游泳池
C5-I(工业)很高	650～1500/80～200	具有高湿度和苛刻大气环境的工业地区	几乎长期有冷凝水/重污染物的建筑物或区域
C5-M(海洋)很高	650～1500/80～200	海岸和离岸地区	几乎长期有冷凝水/重污染物的建筑物或区域

海洋腐蚀不仅会造成各种基础设施、设备和构筑物的腐蚀损坏和功能丧失,缩短材料和构筑物的使用寿命,造成资源、材料和能源的巨大浪费,还可能导致突发性的灾难事故,引发油气泄漏,污染海洋环境,甚至造成人身伤亡。

近几十年来,海洋腐蚀不断向人类敲响警钟。人类曾因金属腐蚀付出巨大代价。1969 年,日本一艘 5 万吨级的矿物专用运输船,因为腐蚀脆性破坏而突然沉没;1974 年,日本沿海地区一个石油化工厂的储罐因腐蚀开裂使大量重油流入海中,造成该地区严重污染。1967 年,美国东部的一座铁桥,在使用了 40 年后塌落在俄亥俄河中，致使 46 人丧生。美国国家标准局和商业部的专家对残骸作了检查，发现受力部分出现点腐蚀深达 3mm 的腐蚀孔，缺口处钢材的抗断裂强度变差，致使蚀孔处发生应力腐蚀开裂从而酿成灾难性事故。1980 年 3 月，在北海大埃科菲斯克油田作业的亚历山大·基兰德号钻井平台，在八级大风掀起高达 6～8m 海浪的反复冲击下，五根巨大桩腿中的 D 号桩腿因六根撑管先后断裂而发生剪切断裂，万余吨重的平台在 25min 内倾倒，123 人遇难，造成近海石油钻探史上罕见的灾难。挪威事故调查委员会检查报告表明，该事故是由腐蚀疲劳断裂引起的。1983 年，日本横滨港山下码头的栈桥发生倒塌事故（图 1-1），调查发现，平均低潮以下部位发生了严重的大面积局部腐蚀（图 1-2），这种现象称为集中腐蚀。

图 1-1　日本横滨港山下码头钢管桩栈桥发　　图 1-2　钢板桩式构造物的集中腐蚀受害事例
生倒塌事故

日本专家提出，对已经建成的钢构筑物来说，在海水全浸区，要把电化学保护的方法作为该部位的主要防腐蚀方法，同时也明确提出，从最低潮位 1m 处向上直至浪花飞溅区部位必须采取包覆方法进行保护[6]。

虽然海洋腐蚀的危害非常严重，但它可以通过人类的技术活动加以控制，如果采取合理有效的防护措施，其中 25%～40% 的腐蚀损失可以避免，这样每年可以节约巨额资金。海洋工程设施通常是由钢铁材料制造而成的，但其价值远远超过所用钢材的自身价值。这些设施的腐蚀和报废，会造成巨大经济损失。防腐蚀的作用不仅仅局限于节约钢铁等金属材料本身。因此，腐蚀与防护工作在国民经济建设中占有重要的地位，许多先进国家都非常重视这一领域的研究。

1.3　钢铁在海洋工程设施上的应用

金属材料是物质文明的基础。从古至今，钢铁一直是社会基础建设中被广泛使用的材料，它在人类历史发展史上起着巨大的作用。目前，钢铁材料从枪炮武器到家庭炊具、从海洋钢铁设施到生活用品,在各种不同的领域有着广泛的应用。

人们在刚开始使用钢铁时,仅仅是将裸钢直接使用而未采取任何防腐蚀问题。不久则发现,腐蚀是影响其长期使用的重要原因,而当时人们对采用腐蚀措施没有认识,也不知道应当采取什么样的防腐蚀方法,钢结构桥梁曾一度被钢筋混凝土栈桥所代替。但随着时代的发展,至 20 世纪 20 年代初港湾建设时又不断增加,由于担心钢材易于腐蚀而影响其使用寿命不宜长期使用,仅将钢材应用在码头的临时施工中。由于钢材施工简单易行、工作进度快等原因,其逐渐被应用到港湾码头等正式的构筑物中。开始时,日本主要依靠进口钢材。到了 1930 年才开始正式生产钢板桩并建设了小型钢管桩式小型码头。后来逐渐在大阪港、名古屋港等港湾设施中使用[7, 8]。事实已经证明,钢材在海洋环境中会遭受严重腐蚀而锈迹斑斑,钢管桩上的铁锈会一片片剥落,大面积的钢材表面在短期内会失去光泽变成赤褐色的铁锈。由于这不是用在码头的主要设施上,即使发生断裂、倒塌等恶性事故也不会影响人身安全,也不至于影响正常生产的进行。

到 20 世纪 50 年代中期,伴随着日本经济的发展,对港湾货运的需求极速增加,港湾设施的配套成为当务之急。随着钢管桩施工方法被开发,日本各地开始大规模地建筑海上钢铁构筑物。

据统计,截至 1984 年,在日本水深 4.5m 以上的构筑物,包括码头、栈桥、移动栈桥等设施中,公用设施的 50%、民用设施的 70%都是钢铁建成的钢构筑物。使用钢材设施的长度达到 490km[6]。直到 1995 年,阪神地震后在修复施工中,钢管桩设施仍被大量使用。

钢铁设施的需要带动了钢铁业的发展,钢材的大量应用也使其价格更低,且钢材可以满足各种形式、各种尺寸的要求,可以根据设计的需求而变化,这使得其更具有经济性。另外,在一般情况下钢铁设施的建造周期比钢筋混凝土构造物要短,施工速度快也是港湾设施选择钢材的理由之一。并且钢材的强度高,韧性好,易加工,质量也容易保证。这些优点推动了钢铁在海洋港湾设施上的大量应用。还有一个原因是钢材的建筑物一旦到了服役期停止使用,废钢材还可以回收利用,比较容易处理现场,这是使用钢铁来建造海洋设施的又一好处。

据中国钢铁工业协会统计,2014 年我国粗钢产量达 8.227 亿吨,占全球总产量的 49.5%,是世界产量第一大国。当前,世界土木工程建设的半数以上在中国大地上进行,除钢筋混凝土结构外,我国钢结构建筑业也进入最快、最好的发展时期。近年来,我国不但在高层、超高层标志性钢结构建筑和大跨度钢结构建筑发展迅猛,如北京奥运会场馆和上海世博会场馆建设,都是前所未有的事例。同时,钢铁材料因其诸多优点被广泛应用在海洋设施的建设中。

在我国,自 20 世纪 70 年代开始,越来越多的海洋钢结构设施包括港口码头、跨海大桥、海洋平台等在我国沿海及近海建造。当前，我国海洋钢结构建筑业也进入快速发展时期，多座大型跨江、跨海大桥的兴建，都是海洋钢结构在海洋环境中的典型应用。据不完全统计，我国环渤海、长三角、东南沿海、珠三角和西南沿海等 5 个港口群，包括近 60 个亿吨级和千万吨级大型港口码头，仅已建海港码头一项就有数以万计的钢桩。随着我国海洋经济的发展，今后还会新建更多的海洋钢结构设施。

海洋环境下，钢结构设施的腐蚀是其致命的弱点。钢铁材料在海洋中的耐腐蚀性能较差，其疲劳性能显著下降，大大降低了钢构造物的使用寿命，直接影响海洋构筑物的使用安全，因此钢结构的腐蚀与耐久性值得高度重视。

钢结构的耐久性已成为当今世界关注的重大课题。问题解决与否，往往会直接影响新技术、新材料、新工艺的实现。尤其是现代化钢结构构件使用年限不同步，局部构件的腐蚀往往严重影响建筑的使用年限。因此，钢结构长效防腐技术的应用与发展，具有极其重要的经济价值和社会意义，占据特殊重要的地位。

1.4　海洋腐蚀的主要破坏形式及影响因素

长期以来，腐蚀一直被认为与金属相伴相生。随着科技的进步，腐蚀的概念不断深化，现在一般把腐蚀定义为材料（结构）与环境作用（物理化学的、电化学的）所引起的破坏与变质。

从腐蚀的角度，海洋环境可以分为五个区带，即海洋大气区、浪花飞溅区、海洋潮差区、海水全浸区、海底泥土区，不同腐蚀区带的腐蚀破坏过程是不同的。从海洋环境腐蚀的角度，不同因素又可影响金属的腐蚀发生过程。

海洋腐蚀本质上是一种电化学腐蚀过程。以钢铁腐蚀为例，钢铁中存在着不同的成分和杂质，存在电位差，形成了无数的阴极区和阳极区，在电解质溶液中阳极和阴极之间短路，形成腐蚀微电池。阳极过程是金属进行阳极溶解，以离子形式进入溶液，发生腐蚀，同时将等量的电子留在金属上，阴极过程是溶液中的氧化剂吸收电极上过剩的电子，自身被还原。海洋环境中，最通常的去极化剂是溶解氧。

1.4.1　海洋腐蚀的主要破坏形式

由于海洋腐蚀环境的复杂性，腐蚀破坏表现的形式几乎涉及所有的腐蚀类型。结合海洋腐蚀特征，其主要腐蚀破坏形式包括以下几种。

1. 全面腐蚀

全面腐蚀可视为均匀腐蚀，它是一种常见的腐蚀形态，其特征是与腐蚀环境接触的整个金属表面上几乎以相同速度进行的腐蚀。均匀腐蚀或比较均匀腐蚀，都是相对于局部腐蚀而言的，而且这种腐蚀形态只有少数的碳钢、低合金钢在全浸腐蚀条件下出现。从腐蚀电化学观点来看，如果在腐蚀过程中金属表面各处均可以进行金属的阳极溶解反应和去极化剂的阴极还原反应，且其概率大致相同，其间腐蚀电池的局部阴极和局部阳极的位置瞬间可变，分布不定，金属表面各部分的阳极溶解速度大致一样，其结果则呈现为全面腐蚀。

2. 局部腐蚀

钢铁材料在海洋环境中的局部腐蚀，特别是点蚀（又称小孔腐蚀），是影响钢铁材料强度及使用寿命的一个重要因素。介质中的金属材料部分表面不发生腐蚀或腐蚀很轻微，但表面上个别的点或微小区域出现蚀孔或麻点，并不断向纵深方向发展，形成小孔状腐蚀坑的现象。在氯离子的溶液中，只要腐蚀电位达到或超过点蚀电位，就能产生点蚀。微生物腐蚀的一个重要现象也是发生小孔腐蚀。

3. 电偶腐蚀

腐蚀电位不同，造成同一介质中异种金属接触处的局部腐蚀，称为电偶腐蚀，也称接触腐蚀或双金属腐蚀。该两种金属构成宏电池，产生电偶电流，使电位较低的金属（阳极）溶解速度增加，电位较高的金属（阴极）溶解速度减小。海洋环境中，海水电阻率很小，是强电解质溶液，当两种不同金属如碳钢和不锈钢、不锈钢和钛合金等共同使用时，要特别注意避免电偶腐蚀的发生。

4. 宏观电池腐蚀

宏观电池腐蚀是海洋钢结构在海洋环境中的重要腐蚀破坏形式。宏观电池腐蚀是同一种金属材料处于不同的环境条件下溶解氧浓度差等形成的腐蚀破坏。通常情况下，溶解氧浓度相对高的环境会形成阴极部位，而溶解氧浓度相对较少的部位容易形成阳极部位。阳极部位发生氧化腐蚀反应，阴极部位发生还原反应。

在海洋环境中，存在若干个典型的宏观电池腐蚀。对于大尺寸的海底设施如海底管线等，当其穿越不同类型的海底泥土区时，海泥中溶解氧含量不均，造成钢铁在不同类型的海泥间产生较大的电位差，产生腐蚀电流，形成宏观电池腐蚀。有研究结果表明，长期埋没于海泥中的钢结构，处于较小粒径土质中的部分是阳极，受到一定程度的加速腐蚀作用（腐蚀速率为对照试样的3倍），处于较大粒径土质中的部分作为阴极受到一定程度的保护。

从纵向上看，海洋钢桩在海洋潮差区和海水全浸区存在宏观电池腐蚀，海水全浸区的钢桩是阳极，加速腐蚀（详见第2章）。

5. 应力腐蚀

钢铁在应力和特定腐蚀环境的联合作用下，将出现低于材料强度极限的脆性开裂现象，致使其失去功能，这种现象称为应力腐蚀开裂或应力腐蚀破裂。在应力腐蚀开裂中确实存在氢的渗入而脆化的现象，也存在裂纹尖端处溶液高度酸化的问题。应力腐蚀开裂是海工设施腐蚀破坏形式之一，因其难以预测，所以危害性大。控制应力腐蚀有改进设计、优选材料、增加防护层等多种手段。

6. 腐蚀疲劳

波浪载荷下的腐蚀疲劳破坏是钢桩式结构的主要强度破坏形式之一。另外，由于海水腐蚀与疲劳载荷共同作用的结果，疲劳载荷加速腐蚀破坏的过程，而海水腐蚀进一步加速钢结构的疲劳破坏，从而使其寿命缩短。

1.4.2　海洋腐蚀的主要影响因素

海洋环境中，物理因素如温度、阳光照射强度、海浪冲击、海水流速、泥沙磨蚀等都可以对腐蚀产生影响，化学因素如氯盐、海洋污染物质等可对腐蚀特别是局部腐蚀造成重要影响，而生物因素如腐蚀性细菌产生的代谢产物，形成的生物膜和生物污损也会对金属的腐蚀过程溶解氧、氯盐、微生物等产生影响，这是影响海洋腐蚀过程的重要因素。材料因素如合金加工缺陷等、钢铁设施所处的海洋腐蚀区带位置等，都对腐蚀发生的过程具有重要影响。

下面简要介绍一下溶解氧、氯离子和微生物等因素影响的钢铁腐蚀过程。

1. 溶解氧

通常条件下，表层海水中含有丰富的溶解氧，溶解氧作为去极化剂，获得电子，被还原成氢氧根离子，进一步与铁离子形成腐蚀沉淀，并随后被水中的溶解氧氧化形成铁锈。

钢铁在通常情况下的腐蚀机理如式（1-1）～式（1-4）所示。

阳极反应：

$$Fe \longrightarrow Fe^{2+}+2e^- \tag{1-1}$$

$$Fe^{2+}+2OH^- \longrightarrow Fe(OH)_2 \tag{1-2}$$

$$4Fe(OH)_2+O_2+2H_2O \longrightarrow 4Fe(OH)_3 \tag{1-3}$$

阴极反应：

$$\frac{1}{2}O_2+H_2O+2e^- \longrightarrow 2OH^- \tag{1-4}$$

在海水环境中，通常是氧扩散控制的腐蚀过程，即钢铁的腐蚀速率主要取决于氧到达金属表面的浓度和被还原的速度。而实际上，由于海洋环境中其他环境因素的影响，海洋腐蚀的真实发生过程可能与上述基本过程是不同的；海洋腐蚀的破坏威力远远大于单独溶解氧的作用。

2. 氯离子

海水中氯离子含量约占总离子数的 55%，海水腐蚀的特点与氯离子密切相关。氯离子通过扩散作用、毛细管作用、渗透作用、电化学迁移等方式侵入海洋钢结构表面，破坏金属表面的钝化膜，是引起局部腐蚀和钢筋混凝土结构内部钢筋腐蚀的主要原因。

仍以钢铁腐蚀为例，当环境存在氯离子时，在腐蚀电池产生的电场作用下，氯离子不断向阳极区迁移、富集。Fe^{2+} 和 Cl^- 生成可溶于水的 $FeCl_2$，然后向阳极区外扩散，与本体溶液或阴极区的 OH^- 生成俗称"褐锈"的 $Fe(OH)_2$，遇孔隙液中的水和氧很快又转化成其他形式的锈。$FeCl_2$ 生成 $Fe(OH)_2$ 后又可被氧化为 $Fe(OH)_3$，$Fe(OH)_3$ 若继续失水就形成水化氧化物 $FeOOH$（即为红锈），一部分氧化不完全地变成 Fe_3O_4（即为黑锈）。同时放出 Cl^-，新的 Cl^- 又向阳极区迁移，带出更多的 Fe^{2+}。Cl^- 不构成腐蚀产物，在腐蚀中也未被消耗，如此反复对腐蚀起催化作用。Cl^- 对钢的腐蚀起着阳极去极化作用，加速钢的阳极反应，促进钢局部腐蚀，具体反应如式（1-5）和式（1-6）所示：

$$Fe^{2+}+2Cl^- \longrightarrow FeCl_2 \tag{1-5}$$

$$FeCl_2+2OH^- \longrightarrow Fe(OH)_2+2Cl^- \tag{1-6}$$

此外，氯化物对混凝土也有侵蚀作用。Cl^- 通过扩散、毛细、渗透等方式进入混凝土中并到达钢筋表面，当它吸附于局部钝化膜处时，可使该处的 pH 迅速降低。当 pH<11.5 时，钝化膜开始不稳定；当 pH<9.88 时，钝化膜生成困难或已经生成的钝化膜逐渐被破坏。Cl^- 的局部酸化作用，使钢筋的钝化膜被破坏，造成小阳极大阴极的情况，促成严重的电化学腐蚀，并形成腐蚀产物。其产生的膨胀压力能够导致混凝土顺筋开裂，严重的使混凝土保护层剥落，导致钢筋混凝土结构可靠性降低。

3. 微生物

海水是一种具有生物活性的介质，含有大量的微生物，其中腐蚀、污损微生物的存在对于海洋钢结构设施具有很强的危害性。微生物腐蚀是通过一层微生物薄膜，即微生物膜的作用而引起的，微生物膜覆盖的金属腐蚀过程涉及物理、化学、电化学、材料学和生物学等众多学科的复杂过程，它不仅引发大型生物附着和微生物腐蚀，它本身也能导致钝性金属局部腐蚀的发生和发展。微生物膜与金属表面状态存在如下相互作用和协同作用，主要有：

（1）影响电化学腐蚀的阳极或阴极反应。

（2）改变腐蚀反应的类型。

（3）微生物新陈代谢过程产生的侵蚀性物质改变金属表面膜电阻。

（4）创造生物膜内腐蚀环境。

（5）由微生物生长和繁殖建立的屏障层导致金属表面的浓差电池。

由此可见，微生物腐蚀属于电化学性质。海洋生物膜是一个包含好氧微生物和厌氧微生物的复杂生物群落，在金属近表面厌氧微生物膜与金属腐蚀有较大关系，目前已知的厌氧细菌，如硫酸盐还原菌（sulfate reducing bacteria，SRB）已得到广泛的研究。SRB 对钢铁腐蚀具有加速作用，经典的氢去极化理论认为，在缺氧条件下，SRB 产生阴极去极化作用，使 SO_4^{2-} 还原为 S^{2-}，从而加快析氢腐蚀反应。

反应如式（1-7）～式（1-13）所示：

$$阳极：4Fe \longrightarrow 4Fe^{2+}+8e^- \tag{1-7}$$

$$阴极：8H^++8e^- \longrightarrow 8H \tag{1-8}$$

$$SRB 引起的阴极去极化作用：SO_4^{2-}+8H^++8e^- \longrightarrow S^{2-}+4H_2O \tag{1-9}$$

$$水分解：8H_2O \longrightarrow 8H^++8OH^- \tag{1-10}$$

$$腐蚀产物：Fe^{2+}+S^{2-} \longrightarrow FeS \tag{1-11}$$

$$3Fe^{2+}+6OH^- \longrightarrow 3Fe(OH)_2 \tag{1-12}$$

$$总反应：4Fe+SO_4^{2-}+4H_2O \longrightarrow FeS+3Fe(OH)_2+2OH^- \tag{1-13}$$

微生物膜不仅引发大型生物附着和微生物腐蚀，它本身也能导致钝性金属局部腐蚀的发生和发展。

1.5 海洋钢铁设施的防腐方法

海洋钢结构设施所处环境是极度严苛的腐蚀环境，由于钢材本身具有易腐蚀这一特性，在长达 30 年、50 年乃至 100 年的预计耐用期间里，必须采取切实可行的防腐蚀对策来保护构造物。

目前，海洋钢铁设施的防腐蚀方法，主要有阴极保护、涂层保护和包覆保护等三大类，根据施工方法和使用的材料可以进一步细分为很多类。阴极保护主要用于海水全浸区和海底泥土区，涂层保护主要用于海洋大气区，包覆保护主要用于浪花飞溅区和海洋潮差区。

1.5.1 阴极保护

腐蚀状态下的钢材形成阳极区及阴极区。阳极、阴极之间存在电连接，从而形成腐蚀电池。因此,腐蚀电流(i_{corr})从阳极区流向阴极区,导致阳极区出现腐蚀。要抑制腐蚀,就要消除阳极区或阴极区的任意一极,破坏腐蚀电池。阴极保护的原理可以用图 1-3 来说明[5]。在海水中钢铁表面通直流电时,由于极化作用,阴极区的电位便下降。继续增加电流使电位变化到 E_a 时,钢铁表面全部成为阴极区,金属体便处于完全防蚀状态。这时的电位称为保护电位。或者说,就是相对于从钢材向电解质(海水)方向流出的腐蚀电流,必须有电流从外部连续不断地流向钢材,以防止钢材出现离子化(腐蚀)的方法。

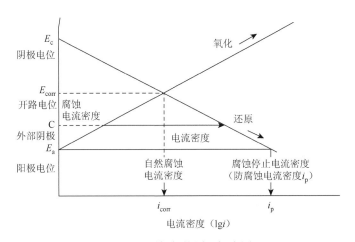

图 1-3　阴极保护原理概念图

牺牲阳极阴极保护技术是用一种电位比所要保护的金属还要负的金属或合金与被保护的金属连接在一起,依靠电位比较负的金属不断地腐蚀溶解所产生的电流来保护其他金属。强制电流阴极保护技术是在回路中串入一个直流电源,借助辅助阳极,将直流电通向被保护的金属,进而使被保护金属变成阴极,实施保护。海水的高电导性为电化学保护方法的电流提供了低电阻通道,使电流均匀分布,从而起到保护金属材料不受腐蚀。这种防护手段在海水全浸区已普遍应用。

海洋钢铁设施位于海水全浸区及海底泥土区的防腐蚀对策通常采用阴极保护方法。在现行的海洋钢铁设施阴极保护施工中,常用的是铝合金牺牲阳极方式。应用了阴极保护的钢材如果完全浸没在海水里,就可以获得近乎 100%的防腐蚀率。海洋潮差区需要的防腐蚀电流密度比海水全浸区多数倍,阴极保护的效果也随钢材在海水里浸泡时间影响,浸泡时间越长,阴极保护效果越大,浸泡时间越短,阴极保护效果越小。

1.5.2　重防腐涂料

海洋防腐对涂料的要求很高,一般要求其保护期至少在十年以上,属于重防腐领域。重防腐涂料是指相对常规防腐涂料而言，能在相对苛刻腐蚀环境中应用，并具有能达到比常规防腐涂料更长保护期的一类防腐涂料。按防腐对象材质和腐蚀机理的不同，海洋重防腐涂料可分为海洋钢结构防腐涂料和非钢结构防腐涂料。海洋钢结构防腐涂料主要包括船舶涂料、集装箱涂料、海上桥梁和码头钢铁设施、输油管线、海上平台、沿岸和离岸风电塔等大型设施的防腐涂料。非钢结构海洋防腐涂料主要包括海洋混凝土构造物防腐涂料和其他涂料。通常，涂装适用于海洋构造物的海洋大气区，也可以应用于浪花飞溅区及海洋潮差区，涂膜的总厚度一般都超过 200μm，但在浪花飞溅区并不能达到理想的防腐效果。涂装施工操作包括钢材表面处理、底涂、中涂、面涂等几个步骤。钢结构表面处理一般须采用机械喷砂处理方式，要求达到 ISO Sa2.5 以上。底涂的涂料包括有机富锌漆、无机富锌漆或者根据不同的要求选择专用的底涂涂料。无机富锌漆是利用锌粉末替代阳极作用，具有极佳防锈性能的底涂涂料。有机富锌漆比无机富锌漆的防锈效果差，但附着性好，即便采用不如喷丸处理方式的动力工具进行表面处理，也能够涂敷在钢材表面。中涂、面涂所使用的涂料应该比底涂涂料附着性好，更适用于周围环境。施工完毕后，必须进行膜厚测定及气孔试验以确认涂膜是否健全。

1.5.3　包覆防腐技术

包覆防腐技术可分为有机包覆、无机包覆、复层矿脂包覆（详见第 3 章），其中复层矿脂包覆技术特别适用已建钢结构的防腐蚀修复。在此着重介绍复层矿脂包覆保护方法。

利用矿脂包覆作为防腐蚀层的防腐蚀方法历史悠久，在国外很久之前就开始对陆地上配管及地下埋设管道使用该方法。矿脂具有良好的黏着性、非水溶性、防水性、不挥发性和电气绝缘性等性质。该防腐蚀材料的制作方法是在原料矿脂中加入腐蚀抑制剂等，再进一步加工调整之后制成产品，产品形状分为糊状物、含浸没了矿脂的无纺布带状物、半固体形态矿脂填充剂等。

复层矿脂包覆防腐施工方法的操作步骤为：首先对钢材表面进行表面处理（ISO St2 级即可），然后涂敷矿脂防蚀膏，再缠绕矿脂防蚀带，完成之后在上面覆盖防蚀保护罩。在保护罩内侧粘贴 0.8～1.5cm 厚的缓冲材料。对保护罩同时还必须进行端部处理，采用水中固化环氧树脂密封保护罩和上部钢结构之间间隙，下部用卡箍固定，以防止整个保护系统滑落。

保护罩的材质多种多样，主要分为树脂保护罩和金属保护罩两类，包括聚乙烯树脂保护罩、玻璃纤维强化聚氯乙烯树脂保护罩（FRV）、玻璃钢保护罩（FRP）、玻璃纤维强化聚丙烯树脂保护罩（FRPP）、钛及其合金保护罩、耐腐蚀铝合金保护罩及耐海水不锈钢保护罩等各种类型。其主要形态是沿圆周方向一分为二的双法兰方式，也出现单法兰或无法兰构造。

针对复层矿脂包覆防腐技术，中国科学院海洋研究所与日本中防防蚀株式会社[(株)NAKABOHTEC]经过共同研究，联合申请了发明专利，已经获得国家专利局颁发的发明专利证书。

1.6 海洋工程设施防腐蚀的全寿命周期管理

腐蚀与国家经济建设和国防建设的关系十分密切，但由于腐蚀与防护是跨行业、跨部门、带有共性的科学技术，并不直接创造经济效益，所以它并不引人注意。但是，如上所述，海洋腐蚀环境十分苛刻，海洋腐蚀损失巨大。研究钢铁在海洋环境中的腐蚀机理，发展海洋防腐技术，切实保护好已建成的重大海洋工程设施的长久安全运行，是关系国民经济建设和人民生命安全的重要问题，对于人类开发海洋、利用海洋具有重大的战略意义。开展海洋工程设施防腐蚀的全寿命管理，发展全面腐蚀控制技术是使各种海洋设施处于良好安全运行状态的保障，是国家现代化进程中不可缺少的重要组成部分。

钢材腐蚀后，在外观或形状上均发生变化，钢材作为商品的价值也随之急剧下降。而钢材建造成钢结构设施后，其价值会上升几十倍甚至上千倍，如果发生严重腐蚀，会导致钢材强度性能甚至整个钢结构设施安全的破坏，所造成的损失是极其巨大的，甚至是无法估量的。运用合适的防腐蚀对策，并实施有效的维护管理，将会极大降低腐蚀事故的发生。采取防腐蚀措施当然也会产生费用，但防护费用与腐蚀损失相比要少得多，因此，也可以说防腐技术是能够产生效益的。

以往由于对工程设施的安全耐久性认识不足或重视不够，不少国家在腐蚀防护问题上走了弯路。20 世纪 60 年代，美国率先提出了"全寿命周期管理"（Life Cycle Management，LCM）的概念，也称"寿命期成本分析"，最初用于高科技武器的管理。从 20 世纪 70 年代开始，这一理念被各国应用于交通运输系统、航天、国防建设、能源工程等其他方面。全寿命周期管理主要涉及两大范畴：工程范畴和财务范畴。工程范畴主要涉及设备可靠性、寿命分析、维修对策分析、设备失效统计、失效对整个系统的影响、更新部件和维护对系统寿命的影响等。财务范畴主要涉及设备或系统的最初投资成本、设备初投资成本在不同方案时的比较、投资成本和运行成本的比较、设备故障对系统的影响及可能导致的损失比较、设备的维护或更新成本、设备的退役成本等。

全寿命经济分析是为了评估建造或运营一个工程设施在其生命周期内所有相关成本的一系列技术。钢筋混凝土的腐蚀与钢结构腐蚀有许多相似之处，海洋钢筋混凝土设施是海港码头、桥梁等的重要结构类型，混凝土中钢筋的腐蚀是影响耐久性的主导因素之一。美国学者 Sitter 曾用"五倍定律"形象地描述钢筋混凝土设施维护的重要性[9]。在设计阶段对钢筋防护方面节省 1 美元，意味着当发现钢筋锈蚀时采取补救措施将需要追加维修费 5 美元，而在混凝土表面出现顺筋开裂时再采取措施将追加维修费 25 美元，当结构严重破坏时采取措施将追加维修费 125 美元[10]。从预防性保护和维护管理的观点，为了实现构筑物长寿命化，缩减使用寿命周期内成本的目的，就需要尽早进行修复，将成本控制在最低程度内。以工程设施全寿命为出发点，进行全寿命的经济评价，并采用技术合理的防护和管理措施，这对工程设施的决策、管理和维护等若干方面具有战略意义。

据统计[6]，日本国土交通省所辖社会资本储备量 1950 年的总额约为 8 万亿日元，2001 年增长到 405 万亿日元，50 年间增长了近 50 倍。这样快速的社会资本储备对提高经济、社会以及国民生活水平作出了巨大的贡献。但是，随着社会资本储备的增加，维护管理费用也必将逐渐增加。日本于 2007 年修改了《港湾设施技术标准》，正式提出了通过设计验证计划在设计阶段验证构造物在整个设计使用期间内的性能能够满足要求的需要。并且通过法令法规明确规定，对于所有技术标准对象设施，都要求该设施的建造者预先制定维护管理计划，并据其正确、恰当地对设施进行维护管理。日本已从构造物建设时代步入了维护管理时代。

在我国，我们正在处于一个新设施快速建设和旧设施亟需维护的时代，已经建设完成的大量码头、平台、管线、桥梁等基础设施老化日益严重。对许多新建跨海大桥提出了能够保证构造物在长达 100 年甚至更长的时间内保持良好状态的防腐技术要求。今后我们将面临设施老化快速上升的问题，维护管理和环境保护需求不断增加，其重要性日渐凸出。数量庞大的海洋工程设施即将迎来老化修复期或使用寿命期限，今后我们将面临更新、维修费用的大幅增大。配合使用寿命周期内成本（life cycle cost，LCC）最小化程度，制定可以让海工设施整体以及所使用的防腐蚀方法能够满足长寿命周期要求和防腐蚀成本最小化，这是十分重要的。

纵观重防腐技术的发展历程，几次大规模的国家计划项目起了至关重要的作用。这些项目基本都是要求耐用年数长达 100 年以上的大型构造物，在防腐蚀设计时就全面考虑了耐用期内整体的维护费用，也就是整体成本。例如，结合构造物的大小及预期耐用年数，在建设初期利用造价较高的防腐蚀方法，通过维修保养最小化实现耐用期内整体成本最小化。需要特别注意的是位于浪花飞溅区和海洋潮差区的部位不容易实施维护保养，维护保养时所需费用大，对这些部位在建设初期运用防腐蚀寿命长的防腐蚀方法，对要求耐用年数长的构造物而言是十分重要的。

海洋腐蚀防护技术研究的主要目的，就是保护国家的重要资产——海洋钢铁设施在严峻的腐蚀环境中不发生资产价值损耗，实现使用寿命周期内整体成本最小化，保证维修养护合理化。为了实现上述目标，需要将多种技术包括阴极保护、包覆技术、防腐涂料技术相互结合，通过综合防腐技术实现防腐设计合理化；通过制造过程和施工过程合理化，使设计的防腐技术发挥至最大化。其次，重点在于防腐蚀的调查、监/检测、维护和修复等的切实实施。因此，海洋防腐蚀设计合理化的技术开发、维持管理技术及经济性评价手法的开发就变得越来越重要。

我们提出，针对海洋工程设施防腐蚀，应开展和推广其全寿命周期管理的腐蚀防护技术和维护管理。其主要内涵包括：在海洋工程设施建设之初，要充分考虑海洋工程设施的腐蚀问题，并依照有关防腐蚀标准进行环境调查、工程防腐蚀设计和施工；要通过核算工程设施整个寿命周期的维护和维修成本，采用具有最优防护性能的防腐技术。对于已建海洋工程设施的防腐蚀保护和修复，同样也要综合考虑其剩余使用寿命、防护成本和再维护成本等，采用具有最佳性价比的防护技术。例如，一种新型护技术，其最初防护成本相对较高，但其保护周期长，减少了再次保护的次数，降低了维护成本，总体防护成本反而下降。

同时，为了保证构造物长期维持良好的工作状态，防止构造物受到严重损害，需要随时把握构造物的状态。因此，定期调查构造物的腐蚀与防护状况，实施适当的维护管理是十分必要的。定期或在必要时进行检查，以便及时发现有损安全性的征兆，根据实际状况采取适当防腐对策，保证构造物长期保持良好、正常的工作状态。实施维护管理需要的不是善后处理，而是建立类似于提前诊断、提前采取对策的管理体系。定期检查必须涵盖构造物的细节部位，并准确把握问题的程度。检查结果是制定维护管理必要对策及处理方法的依据，也是制定修复计划时的珍贵材料。此外，还必须将长期积累的检查结果反映在日后的设计及施工中，作为研究切实可行的维护管理方法的依据。

第2章　海洋钢结构在浪花飞溅区的腐蚀

2.1　海洋腐蚀环境的分类

海水是一种腐蚀性很强的电解质溶液，含有各种盐类，盐中大约90%是氯化钠，另外还含有氯化镁、硫酸镁、碳酸镁及含钾、碘、钠、溴等各种元素的其他盐类。金属材料在这种含盐的海洋环境中很容易引起腐蚀。

海水中溶解有氧气、氮气、二氧化碳等气体，而其中的氧气是引起海水中碳钢、低合金钢等金属结构物腐蚀的重要影响因素。一般来说，表层海水氧气是饱和的，大约为8mg/L，因此在表层海水中的腐蚀性更强。

影响海水中金属腐蚀的因素还有温度，海水温度有周期性的变化。一般来说，海水温度升高，钢铁等的腐蚀速率增加。

另外，海水中含有丰富的氧和二氧化碳，以及生物生长必需的氮、磷、硅等营养盐类和各种微量元素，这为有机物的发生和海洋生物的生长提供了必需的物质条件。而大量繁殖的海洋生物和细菌也对钢铁材料在海水的腐蚀行为造成影响。

通常来说，从腐蚀的角度，可将海洋环境分为五个腐蚀区带：海洋大气区、浪花飞溅区、海洋潮差区、海水全浸区及海底泥土区（图 2-1）[11]。下面分别对每个腐蚀区带的腐蚀特征进行阐述[12]。

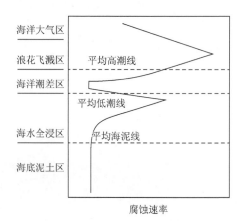

图 2-1　海洋腐蚀环境中腐蚀倾向图

2.1.1　海洋大气区

海洋大气区是在海洋环境中不直接接触海水的部分,海洋大气区的腐蚀往往受多种因素的影响,是由各种不同因素相互作用引起的[11]。

一般认为,距离海岸线 200m 以内的大气区域称为海洋大气的腐蚀环境。与内陆大气区相比,在金属表面存在含盐液滴,使得该部位的腐蚀要比内陆严重得多。在海洋大气区,海盐的沉积与风浪的条件、距离海面的高度和在空气中暴露时间的长短等因素有关。另外,特别是像氯化钙和氯化镁等海盐粒子是吸湿性的,容易在金属表面形成液膜。在夜间或温度变化达到露点时更为明显。一般情况下,离海岸越远,大气中含盐量越低。在海盐粒子中对海洋大气区腐蚀发生较大影响的是氯化钠,该盐粒的存在促进了腐蚀的发生。

对大气腐蚀产生重要影响的还有金属表面的水分,它直接影响金属的腐蚀速率和过程。在非常干燥的大气环境中,金属材料的腐蚀是非常轻微的。相反,在表面产生结露的潮湿环境中腐蚀速率变得比较大。

降雨量也是影响海洋大气腐蚀速率的另一个重要因素。大量的雨水会冲刷掉金属表面所沉积的盐类,从而减轻了金属的腐蚀。

在海洋大气环境中,腐蚀随温度的升高而加强。因此,在热带钢的腐蚀性最强,温带次之,温度较低的南北极最弱。

另外,海洋大气区金属材料的腐蚀还与金属与太阳的朝向有关,从现场观察到的情况来看,与朝向太阳的一面相比,背向太阳面的金属材料腐蚀会更严重些。这是由于背向太阳面的金属材料尽管避开太阳光的直射、温度较低,但其表面尘埃和空气中的海盐及污染物未被及时冲洗掉,湿润程度较高而使腐蚀更为严重。

影响大气区金属腐蚀的因素还有金属表面的真菌和霉菌,由于它保持了表面的水分从而增强了环境的腐蚀性。

另外,大气中沉降并附着在金属表面的尘埃,对腐蚀的影响也比较大。它们在金属表面上逐渐沉积,经常引起腐蚀,尤其容易引起孔蚀。

最后,距离海岸较近如果存在重工业,则其工业大气中,常伴有二氧化硫、二氧化碳等有害气体产生,这对金属的腐蚀也产生极大的影响。

2.1.2　浪花飞溅区

在海洋环境中,海水的飞沫能够喷洒到其表面,但在海水涨潮时又不能被海水所浸没的部位通常称为浪花飞溅区。

Humble[13]早在 1949 年就提出海洋浪花飞溅区这一概念,他认为浪花飞溅区是泛指在海洋环境中海水平均高潮线（MHWL）以上，海水浪花和海水微粒飞溅能波及的部分，而腐蚀最严重的峰值部位还与当地的海洋气象条件有关，只是一个大概的区间，没有明确的范围。

日本防腐学者渡边常安的试验证明在海水平均高潮线（MHWL）以上 0～1m 处为浪花飞溅区，腐蚀速率最大的位置处在海水平均高潮线以上 0.5m 处[14]，善一章[15]指出在港湾中钢铁构筑物腐蚀最严重的区带处在海水平均高潮线以上 45～60cm 处。朱相荣等[16]认为：我国沿海港湾内，浪花飞溅区的范围可以确定为海水平均高潮线以上的 0～2.4m 的区间，其中最大腐蚀部位取决于海域的海洋气象条件，约在 0.6～1.2m 处。

供氧充分、日照充足、海水的周期润湿、含盐粒子量大等因素是造成海洋钢结构浪花飞溅区腐蚀严重的外在因素。与海洋大气区相比，其腐蚀更严重是因为其含盐粒子量大以及干湿交替频率高。处于该部位的钢材不断经受海水中飞沫和波浪的冲击，海水及氧的供给丰富，表面锈层会出现物理性剥离，通常浪花飞溅区平均腐蚀速率会达到 0.3～0.5mm/a[17]，局部腐蚀更为严重。

浪花飞溅区峰值附近的含盐粒子量也远大于浪花飞溅区其他位置。这可能是由于海水运动和蒸发，海盐粒子在平均高潮线以上的一定范围内积聚。这也同时证明了浪花飞溅区腐蚀的严重性与含盐离子的量有很大关系。

另外，钢铁在浪花飞溅区的腐蚀状况与该海域的海洋、气象条件也密切相关。在不同海域，风浪强度不同，浪花飞溅区腐蚀也有明显变化，这与风浪冲击有很大关系。

同样的，钢铁在浪花飞溅区的腐蚀也与海域的温度有关。在青岛、舟山、厦门和湛江进行的钢长尺电连接腐蚀试验显示，浪花飞溅区的腐蚀性由北向南逐渐增强（图 2-2），这表明钢在浪花飞溅区的腐蚀有随温度升高而加快的趋势[18]。朱相荣等[19]证实在青岛海区中浪花飞溅区是腐蚀最严重的区域；在厦门海区，由于该海区温度高和潮汐变化大等原因（最高水温 29℃，最大潮差 6.2m），浪花飞溅区不仅峰值高而且腐蚀区域较宽；在湛江海区，浪花飞溅区的峰值更高，这主要是温度效应所致，因为湛江的年平均气温和水温比厦门高 3～5℃。

但也有特殊情况，在某些海域，还会有浪花飞溅区腐蚀低于海水全浸区的特殊实例，朱相荣等[19]研究发现：3C 钢在舟山海区中某地点海水全浸区的腐蚀速率大于浪花飞溅区（图 2-2），这可能是因为舟山海域海水中含泥沙量高，盐度低，海水流速大，钢在海水全浸区受泥沙和流速较大的海水冲刷，这一腐蚀因素的作用使腐蚀速率增大。相反，由于海水盐度低，海盐粒子在浪花飞溅区试样表面的浓度降低，相对减缓了对钢的侵蚀。

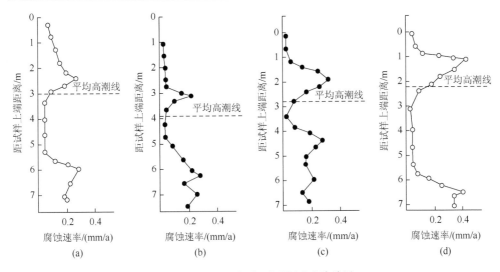

图 2-2　长尺 3C 钢在不同海区试验结果
（a）青岛；（b）舟山；（c）厦门；（d）湛江

2.1.3　海洋潮差区

海洋潮差区是指涨潮时被海水浸没，退潮时又暴露在空气中的位置，即海水平均高潮线与平均低潮线之间的区域。该区的特点是周期性的干湿变化。

我国有 18 000km 的海岸线，受地理位置和月球等吸引力的影响，使得我国各地的涨落潮周期及潮差的高度随时间和地理位置的不同而有较大差异，各地高潮线的位置也明显变化，因此不同海域的海洋潮差区的腐蚀规律也会有很大变化。表 2-1 列出了我国四大海区主要港口的潮汐情况。

表 2-1　我国主要港口潮汐情况比较（单位：cm）

港口	潮汐类型	平均高潮	平均低潮	平均大潮差	平均小潮差	平均潮差	可能最大潮差
丹东港	正规半日潮	336	−308	645	357	458	883
大连港	正规半日潮	161	−145	307	179	210	426
营口港	不正规半日潮	206	−161	368	236	261	536
锦州港	不正规半日潮	189	−143	332	215	225	505
秦皇岛港	正规全日潮	54	−60	115	77	82	191
京唐港	不正规半日潮	47	−86	136	94	80	255
天津港	不正规半日潮	136	−177	314	111	270	462
烟台港	正规半日潮	121	−119	240	138	170	320
威海港	不正规半日潮	99	−95	195	125	128	272

续表

港口	潮汐类型	平均高潮	平均低潮	平均大潮差	平均小潮差	平均潮差	可能最大潮差
青岛港	正规半日潮	182	−214	397	234	287	545
日照港	正规半日潮	204	−231	435	262	314	603
连云港	正规半日潮	234	−255	489	294	357	676
天生港	正规半日潮	144	−116	260	142	179	356
吴淞港	正规半日潮	175	−143	318	164	217	439
北仑港	正规半日潮	170	−174	344	172	220	477
沈家门	正规半日潮	181	−184	365	177	235	504
温州（洞头）	正规半日潮	273	−299	572	303	404	773
福州（长门）	正规半日潮	256	−273	530	318	397	714
厦门港	正规半日潮	263	−282	546	330	399	744
汕头港	不正规半日潮	58	−92	151	114	80	253
深圳（盐田）港	不正规半日潮	80	−82	162	108	87	295
广州（黄埔）港	不正规半日潮	124	−130	254	168	145	396
横门港	不正规半日潮	91	−87	179	120	95	301
珠海港	不正规半日潮	96	−104	200	130	105	346
湛江港	不正规半日潮	183	−168	352	186	206	534
海口港	正规全日潮	87	−105	192	124	141	353
三亚港	不正规全日潮	71	−59	131	88	98	231
防城港	正规全日潮	211	−170	382	255	266	657

对于钢结构整体而言，它们在海洋潮差区部分能与海水全浸区部分形成氧浓差电池，海洋潮差区附近由于氧浓度较高，成为氧浓差电池的阴极受到保护，腐蚀较轻，而海水全浸区部分由于氧浓度偏低，成为电池的阳极，腐蚀加重。与海水全浸区相比，材料在海洋潮差区的暴露条件存在很大的差别。首先，位于海洋潮差区的金属表面能与空气中的氧气更充分地接触；其次，金属表面的温度受到气温和水温的双重影响。这些都是影响腐蚀速率的重要物理因素。对于我国不同海域，从北到南，随海水温度的升高，碳钢和低合金钢的局部腐蚀加剧。

在海洋潮差区，潮汐的高低因海洋位置的变化而异。但对于钢铁材料，较大的潮流运动会导致腐蚀速率增大[20]。

在海洋潮差区也会有海生物栖居。在一定情况下，海生物的附着可能对钢铁表面进行保护，也可能引起金属局部腐蚀的加剧，因此海洋潮差区的腐蚀问题比较复杂。

还要注意一点，海洋潮差区平均中潮线以上部位的腐蚀过程与浪花飞溅区部位有着许多相似之处，因此在进行腐蚀机理研究和采用防腐蚀方法时，既要注意其不同之处，也应考虑其相似之处。

2.1.4 海水全浸区

海水全浸区是指常年被海水浸泡的部位。按照海水深度的不同，可分为浅水区（浅于 200m）和深水区（深于 200m）。其中在浅水区，海面下 20m 之内的称为表层海水，表层海水中溶解氧近于饱和，这里生物活性强，水温高，它是全浸条件下腐蚀较重的区域。

波浪的作用使得水深 200m 之内海水中的含氧量容易达到饱和，海水中氧的含量高，pH 几乎为中性，使得金属在海水中的腐蚀机理成为主要由氧的还原产生的阴极反应所控制。

钢铁等金属在海水全浸区中腐蚀的影响因素很多，包括化学、物理和生物等因素。化学因素主要包括溶解氧、盐度、酸碱度等的影响。物理因素包括洋流、潮汐、温度等。生物因素包括微生物、藻类以及大型污损生物等。对于碳钢和低合金钢来说，海水溶解氧的含量越多，金属的腐蚀速率越快。

盐度影响主要分为两类，一类是海水中存在的强腐蚀性离子 Cl^-，它能破坏金属表面的氧化膜，并能与金属离子形成络合物，后者在水解时产生 Cl^-，使海水的酸度增大，金属的局部腐蚀加强。高浓度 Cl^- 的存在是各种金属在海水环境中遭受着严重腐蚀的主要原因。另一类是海水中所含的 Ca^{2+} 和 Mg^{2+}，能够在金属表面析出碳酸钙和氢氧化镁的沉淀，对金属有一定的保护作用。因此，对位于河口区海水的金属，由于海水盐度低，钙和镁的含量较小，金属的腐蚀性增加。

一般来说，对于普通海水，pH 通常变化很小，对金属的腐蚀几乎没有直接影响。但在河口区或当海水被污染时，pH 可能有所改变，因而对腐蚀有一定的影响。

海水对金属的相对流速增大时，溶解氧向阴极扩散得更快，使金属的腐蚀速率增加。温度的升高对腐蚀的影响应该从不同角度考虑：首先水温升高，会使腐蚀加速。但是温度升高，又会使氧在海水中的溶解度降低，而氧溶解度降低使腐蚀减轻。因此，温度升高对金属腐蚀的影响，应该视具体情况而进行具体分析。

生物因素也是影响腐蚀的一个很重要的因素。许多海洋生物常附着在海水中的金属表面上。钙质附着物对金属有一定的保护作用，但是附着的生物代谢物和尸体分解物，因含有硫化氢等酸性成分，却能加剧金属的腐蚀。另外，藤壶等附着生物会在金属表面留下缝隙，容易形成缝隙腐蚀。

另外，在海洋潮差区水线以下，位于水线下 0.5～1m 的低水区还出现一个次级腐蚀峰值，这个腐蚀峰比浪花飞溅区的腐蚀峰小，又高于海水全浸区和海洋潮差区。这个腐蚀峰值出现的原因是该处溶解氧充分、流速较大、水温较高、海生物繁殖快等，根据日本的有关调查结果，该部位年平均腐蚀速率为 0.1～0.3mm/a。由于含氧量的差别，该海水全浸区的低水区部位与海洋潮差区形成宏观氧浓差电池，该低水区部位氧供给不足，成为宏观电池的阳极，具有较高的腐蚀速率。

欧洲一些国家、美国、中国也都发现了低水区腐蚀比较重的问题，并进行了相关研究。在低水区，通常还发生严重的局部腐蚀，导致更高的腐蚀速率。有关文献研究认为，这与微生物腐蚀活动有密切关系。该位置又称加速的低水腐蚀区。

过去 15 年中，世界各地的科学家在低水区腐蚀的成因方面做了很多研究，溶解氧、微生物作用、工业污水污染、温度、海流速度、盐分等都对其有影响。尽管低水腐蚀的真正成因人们还有不少争论，但是，很多证据表明，微生物腐蚀对其贡献很大。其中，硫酸盐还原菌（SRB）和硫化物氧化菌（SOB）被认为是引起低水腐蚀的主要微生物。

深海区对材料结构和功能可靠性要求更高。与浅海相比，深海装备服役过程中将承受低温、低溶解氧、低盐度和低 pH 的影响，以及洋流、湍流、高压和复杂工况载荷作用，其腐蚀行为与浅层海水中表现迥异，有些规律截然相反，需区别对待。目前关于深海区材料的腐蚀，也是一个热点，世界各国都在进行相关研究，由于深海环境的特殊性，很多腐蚀规律和防护方法都需要重新区别对待选择。

2.1.5　海底泥土区

海底泥土区是指海水全浸区以下部分，主要由海底沉积物构成。海洋沉积物是指各种海洋沉积作用所形成的海底沉积物的总称，俗称海底土，是海洋环境的重要组成部分。海底沉积物的物理性质、化学性质和生物性质随海域和海水深度不同而异。传统上，按深度将沉积物划分为：近岸沉积（0～20m），浅海沉积（20～200m），半深海沉积（200～2000m），深海沉积（大于 2000m）。

对于海洋腐蚀来讲，更关心材料在海底沉积物表层（0～2m）的腐蚀行为。表层海底沉积物具有如下特征：长期与海水充分接触，含水量高，电阻率低；含氧量低；通常含有较丰富的有机质，厌氧细菌含量较高，微生物代谢比较活跃，微生物矿化作用显著。表层海底沉积物的自然腐蚀环境因子十分利于材料的微生物腐蚀的发生和发展[21]。

一般来说，在海底泥土区，随着深度的增加，含氧量逐渐减小，其腐蚀速率也越来越低。

与陆地土壤不同，海底泥土区含盐度高，电阻率低，海底泥浆是一种良好的电解质，对金属的腐蚀性要比陆地土壤高。海底泥土区的氧浓度较低，因此往往都含有厌氧的微生物——对金属材料腐蚀影响较大的主要是硫酸盐还原菌，它会使钢铁等金属产生腐蚀，其腐蚀速率要比无菌时高得多。同时，由细菌活动所产生的 NH_3 和 H_2S 具有腐蚀性。硫酸盐还原菌会在无氧条件下引起金属腐蚀。

关于海底泥土区腐蚀方面进行的研究还相对较少，近年来由于海底石油开发、海底管线铺设，人们开始重视海底泥土区金属的腐蚀与防护研究。

综上所述，我们可以把典型海洋环境五个区带及腐蚀行为的特点总结如表 2-2 所示。在浪花飞溅区，由于处在干湿交替区，氧气供应充分，所产生的腐蚀产物没有保护作用，由于海水的飞溅，其飞沫可以直接打到金属表面，使其腐蚀很严重；在海洋潮差区（平均高潮线与平均低潮线之间），由于氧浓差电池的保护作用，腐蚀最小；在海水全浸区，腐蚀受到氧扩散的控制，其中浅海区腐蚀较重，随深度增加有所减轻；在接近海底泥土区，由于海洋生物的氧浓差电池和硫化物的影响，也存在局部腐蚀率增加的现象。

表 2-2　不同海洋环境区域的腐蚀特点

海洋区域	环境条件	腐蚀特点
海洋大气区	风带来小海盐颗粒，影响因素有高度、风速、雨量、温度、辐射等	海盐粒子使腐蚀加快，但随离海岸距离不同而不同
浪花浪溅区	潮湿、充分充气的表面，无海生物沾污	海水飞溅、干湿交替，腐蚀剧烈
海洋潮差区	周期浸没，供氧充足	因氧浓差电池形成阴极而受到保护
海水全浸区	海水通常为饱和状态，影响因素有含氧量、流速、水温、海生物、细菌等	腐蚀随温度和海水深度变化，阴极区往往形成灰质，生物因素影响较大
海底泥土区	常有细菌（如硫酸盐还原菌）	泥浆通常有腐蚀性，引起微生物腐蚀

2.2　浪花飞溅区腐蚀严重性的认识过程

对于碳钢和低合金钢，在海洋腐蚀环境的五个区带中，浪花飞溅区是最严重的区域，这一结论已被越来越多的工程设计者和构筑物的使用者认识和接受。

起初，人们对浪花飞溅区腐蚀最严重这一规律存在着模糊的认识，甚至有人认为海洋潮差区是海洋钢桩式构筑物腐蚀最严重的部位，究其原因，主要有两个：

一是根据个人的想象，认为在海洋中每天的涨潮、退潮是一种人人皆知的自然现象，处于这部分钢材的表面由于受到忽干忽湿周期性海水的侵蚀，风吹、雨打、太阳暴晒，因此认为这部分应该是腐蚀最严重的部位。

二是根据部分海洋腐蚀挂片的试验结果，认为海洋潮差区的腐蚀非常严重。20 世纪 60 年代，我国曾进行了大量的海洋用钢腐蚀性能研究，为了考察其耐腐蚀性能，除了室内的电化学腐蚀测试外，还把这些钢材做成小的试验片分别挂在海洋大气区、海洋潮差区和海水全浸区等不同的腐蚀环境，其腐蚀试验结果是，海水潮差区的腐蚀确实严重，比海水全浸区和海洋大气区都要严重得多，据此得出了结论，钢桩在海洋环境中的海洋潮差区腐蚀非常严重。这一概念长期模糊着许多人。

其实，这种观点是不正确的，究其原因，忽略了实际的钢桩式构筑物是上下连通，跨越五个不同区带的，是完全相互电导通的一个整体。而得出海洋潮差区腐蚀严重结论所进行的试验是把试片分别挂在海洋大气区、海洋潮差区和海水全浸区，挂片之间没有电导通，彼此是分别孤立的挂片，因此得出了错误的结论。实际上，分别挂片和长尺挂片这二者有着本质的区别，上下一体的钢桩式构筑物有着宏观电池的存在。

国外的 Humble 在美国 Kure 海湾的试验结果[13]能很好地说明这个问题，他利用长 12ft（1ft=3.048×10⁻¹ m）、宽 1ft 的带钢做了长尺挂样试验，利用 12 块面积为 1ft² 的小试片作为分别挂片的短尺试验，对比了 150d 的试验结果，二者的试验结果均证明浪花飞溅区腐蚀最严重，这也是关于浪花飞溅区腐蚀严重性较早的资料，此后，被世界各国的腐蚀研究工作者引用[22-24]，成为海洋腐蚀领域关于浪花飞溅区腐蚀严重性最有代表性的研究成果之一（图 2-3）。图中短尺曲线代表互相绝缘的分别挂片的试验结果，从图中可以看出，短尺试验钢材在浪花飞溅区和海洋潮差区的腐蚀均较为严重。图中长尺曲线代表长尺钢带的试验结果。该试验结果表明在平均高潮线之上的浪花飞溅区的腐蚀最为严重，而在海洋潮差区的腐蚀比海水中还要轻，计算得到碳钢在该海湾浪花飞溅区的腐蚀速率是海水全浸区的 4 倍。

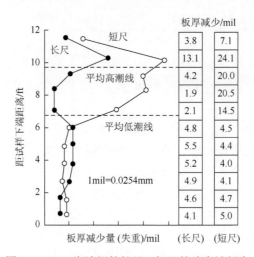

图 2-3　Kure 海滨钢的长尺、短尺挂片腐蚀行为

在浪花飞溅区部位，长尺试验比短尺试验腐蚀速率要小，这可能是因为浪花飞溅区部位偶尔有浪花飞溅在其表面，会瞬间与海水全浸区部分形成宏观电池，由于其表面氧浓度较高，作为宏观电池的阴极受到一定的保护，减小了腐蚀速率。

在海洋潮差区部位，长尺试验的试样腐蚀速率明显比短尺试验的试样小很多，而在海水全浸区部位，长尺试验试样的腐蚀速率比短尺试验试样腐蚀速率大一些。这也是由于长尺试验的试样，其海洋潮差区部位与海水全浸区形成一个宏观电池，海洋潮差区部位作为宏观电池的阴极受到保护，减小了腐蚀速率，而海水全浸区部位作为阳极，腐蚀加重，总面积较大，所以腐蚀速率增加得并不太多。而短尺试验的试样没有电连接，因此不能形成宏观电池，各部分只能独立地发生腐蚀，不能对其他部分产生影响。其发生腐蚀的机理主要发生表面的微电池腐蚀，腐蚀程度主要受氧扩散控制。而海洋潮差区部位试样表面供氧充分，加上潮涨潮落干湿交替的影响，钢铁时而浸泡在海水中，时而露出水面，受到阳光的照射，引起其腐蚀速率的增加，腐蚀比海水全浸区的重，因此电连接挂片和分别挂片得出了不同的结果，特别是海洋潮差区的试片有着显著的差异。

　　这两种试验的试验钢种、环境条件、试验时间都是相同的。所不同的是：一种是长尺的、上下连续的钢带，一种是不连续的短尺钢片。而实际海洋中钢桩式构筑物和长尺钢带相一致，而不是分别绝缘的。对于同一种材料，电连接方法和分别挂片法得出的试验结果有较大差别，这两种方法得出的腐蚀规律是完全不同的。

　　针对上下连续的长尺钢带和相互绝缘的分别挂片两者腐蚀规律不同的现象，侯保荣和张经磊[25]利用海洋环境模拟试验装置进行电连接挂片试验（图 2-4）。通过调节在海洋潮差区和海水全浸区试片的数量和比例，研究海洋潮差区和海水全浸区构成的宏观腐蚀电池的电流变化。为了分别测定海洋潮差区和海水全浸区水深比例不同时腐蚀电流的变化，试片分为三组（图 2-4 中#1、#2 和#3。）

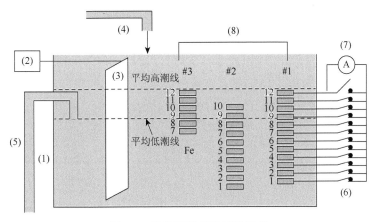

图 2-4　海洋环境模拟试验装置

（1）模拟试验槽；（2）电动机；（3）造波机；（4）新鲜海水管；（5）虹吸管；（6）双向开关；（7）零电阻电流计；（8）三组试片

　　其中#1 在海水全浸区和海洋潮差区分别依次排列 8 块和 4 块试片（$H_浸$：$H_差$=2：1），模拟中等水深的情况；#2 在海水全浸区和海洋潮差区分别依次排列

8 块和 2 块试片（$H_浸$：$H_差$=4：1），模拟外海深水区的情况；#3 在海水全浸区和海洋潮差区分别依次排列 2 块和 4 块试片（$H_浸$：$H_差$=1：2），模拟浅海滩的情况。

　　在腐蚀试验装置中，对于#1 组样，腐蚀电流测定结果如图 2-5 所示。当海水从低潮线渐渐上涨而浸没海洋潮差区第一块试片（即图 2-4，#1 编号 9，海洋潮差区下部第一块试片）时，这一块试片（表面积约为 200cm²）接受了约为 2mA 的保护电池。随着潮水的上涨，当海水浸没海洋潮差区的第二块试片（编号 10）时，该试片同样接受保护电流，电流值有所增加，约为 4mA，比 9 号大。这时 9 号所得到的保护电流有所降低。同样，海洋潮差区的 11、12 号试片先后浸入水中时都接受保护电流，并且电流值要更大些，约 11mA。由试验可看出，海洋潮差区接受保护电流，海水全浸区输出保护电流。这说明海洋潮差区所接受的保护电流完全是由海水全浸区所提供的。只有当海水处于平均低潮线时，即海洋潮差区的 4 块试片全部暴露于空气时，海水全浸区试片几乎不提供保护电流。

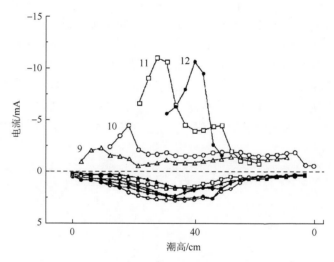

图 2-5　试片电流随潮高变化（$H_浸$：$H_差$=2：1）

图中数字代表试片编号

　　从试验中观察到，在海洋潮差区有一层白色的钙镁沉积物覆盖在试片表面上。试验时间越长，表面的这种沉积物越明显，并且在海洋潮差区的上部更显著。钙镁覆盖层的沉积是由界面 pH 的升高引起的。这也进一步证明，对于连续挂片来说，海洋潮差区是宏观电池的阴极区。这种钙镁膜对退潮后暴露在空气中的试片仍有部分保护作用。

　　当海水全浸区有 8 块试片，海洋潮差区有 2 块试片（即 $H_浸$：$H_差$=4：1），腐蚀电流的测定结果如图 2-6 所示，当海水全浸区有 2 块试片，海洋潮差区有 4 块试片（即 $H_浸$：$H_差$=1：2），腐蚀电流的测定结果如图 2-7 所示。

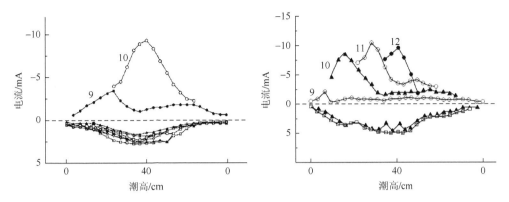

图 2-6 试片电流随潮高变化($H_浸$：$H_差$=4：1)   图 2-7 试片电流随潮高变化($H_浸$：$H_差$=4：1)
　　　　　图中数字代表试片编号　　　　　　　　　　　　　　　　图中数字代表试片编号

对比图 2-5、图 2-6 和图 2-7 可以看出：虽然在海洋潮差区试片所获得的保护
电流值没有多大差别，但海水全浸区试片向海洋潮差区所提供的保护电流随海水
全浸区水深比例不同而差别很大。在 $H_浸$：$H_差$=4：1 时，海水全浸区的 7、8 号试
片所提供的保护电流不到 2mA，而当 $H_浸$：$H_差$=1：2 时，海水全浸区 7、8 号试
片所提供的保护电流为 5mA，这说明当海洋构筑物全浸部分较浅（相当于浅海滩）
时，作为宏观腐蚀电池的阳极面积较小，这部分腐蚀较为严重些，因此在实际工
作中必须特别注意浅海水中金属的腐蚀。

在实际环境的钢铁构筑物结构中，由于其同时处于海洋潮差区和海水全浸区，
可以形成宏观电池，海洋潮差区由于氧气比较充分，能为宏观电池的阴极，因而
腐蚀较轻；海水全浸区氧气相对较少，成为宏观电池的阳极，腐蚀较严重[11, 22, 26]。
而分别挂片法由于试片相互之间是绝缘的，不能形成宏观电池，海水全浸区部分
不能对海洋潮差区部分进行保护，所以海洋潮差区的试片腐蚀比较严重。分别挂
片法的试样都是单独的试样，其发生腐蚀的机理主要为表面的微电池腐蚀，腐蚀
程度主要受氧扩散控制。而处于海洋潮差区的试样表面供氧充分，加上干湿交替
的影响，腐蚀比海水全浸区的严重，因此点连接试片和分别挂片得出了不同的结
果，特别是海洋潮差区的试片有着显著的差异[27]。

还要注意的是，电连接挂片与分别挂片相比，阻碍了腐蚀速率的突变增加。
这是因为在钢构筑物的腐蚀过程中，潮汐作用、风速、雨水、泥沙等诸多因素容
易造成在不同位置试片的腐蚀产生不均匀性，任何一块试片都可能在一段时间腐
蚀较快，另一段时间较慢。在其腐蚀较快时，相应的腐蚀电流较大，如果是电连
接挂片，这部分能量可能得到有效的利用，实现对邻近和较近试片的宏观电池保

护作用。由于试片腐蚀在时间上的不均匀性，这种保护与被保护的角色是可以变换的。也正是由于这个原因，电连接挂片在相当长的一段时间内能够实现腐蚀电流的合理利用，"调剂余缺"，从而达到整体上延缓腐蚀的效果。

2.3　国外关于浪花飞溅区腐蚀的研究

欧美等发达国家很早对海洋环境不同区带的腐蚀行为进行了详尽的对比研究，并取得一些突出的成果，如前面提到的 Humble 在美国 Kure 海湾的挂片试验。

另外，1965 年关于 A328 钢的 5 年和 9 年的五个不同区带的试验结果对比在 *Anti-corrosion Methods and Materials* 上发表[28]（图 2-8）。从图 2-8 可以看出该钢在浪花飞溅区的腐蚀是最严重的，且随着时间增加，其 9 年的腐蚀速率明显大于 5 年的腐蚀速率。

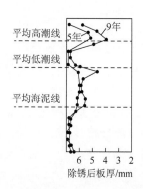

图 2-8　A328 钢的 5 年和 9 年腐蚀对比

Beavers 等[29]在北卡罗来纳州的 Kure 海湾钢管 5 年暴露试验得到图 2-1 一致的腐蚀规律图。该腐蚀趋势图表明：浪花飞溅区氧供应比较充分，加上海水波浪冲击、潮汐涨落影响，这是最严重的腐蚀区域。文中还举例说明在阿拉斯加州的库克湾测得的浪花飞溅区腐蚀速率是 0.9mm/a，在墨西哥湾是 1.4mm/a。这个海洋不同区带腐蚀趋势图非常有代表性，后来也经常被其他科学工作者和一些国际组织所引用。例如，国际铜业协会在其官方网站谈及海洋环境腐蚀区带划分，也曾专门引用该图。美国俄亥俄州的 Yunovich[30]、南非比勒陀利亚大学的 Möller[31]、荷兰科学家 Powell[32]等在讨论海洋环境腐蚀规律时都曾引用过该图。

丹麦的 Rasmussen[33]在全球知名的涂料供应商赫普公司（Hempel）官方网撰文指出：海洋钢结构在浪花飞溅区的腐蚀速率是 200～500μm/a，远高于在海洋大气区和海水全浸区的腐蚀速率（表 2-3）。他认为太阳光照射、海水的周期飞溅等是造成这个区域腐蚀严重的原因。

表 2-3　海岸设施的腐蚀速率

区域	腐蚀速率（每年损失）
海洋大气区	80～200μm（3～8mil）
浪花飞溅区	200～500μm（8～20mil）
海水全浸区	100～200μm（4～8mil）

法国的 Brondel[34]联合了法国、美国、英国、印度尼西亚等多国专家学者进行了调查，认为对于海洋平台来说，位于高潮线以上的浪花飞溅区部位，由于频繁的干湿交替，是最苛刻的腐蚀环境。这个部位受波浪冲击，表面氧气、水分充足，涂料的保护都很容易失效。他们建议海洋平台的浪花飞溅区，需要进一步采取特殊层保护和增加腐蚀裕量的办法来防止其腐蚀（图 2-9）。

英国 Smith 等[35]综合多人长期的研究，总结了钢管 10 年腐蚀深度的结果，得出一个海洋环境不同区带钢管的腐蚀速率图（图 2-10）。从图中看出，钢管在浪花飞溅区的腐蚀深度明显大于其他部分，其腐蚀深度是海水全浸区的两倍多。20 年后，钢管浪花飞溅区腐蚀速率平均为 150~400μm/a，或者说是 3~8mm 腐蚀深度。

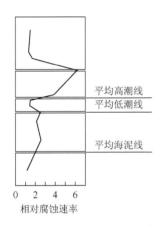

图 2-9　海洋环境不同区带钢管的腐蚀速率

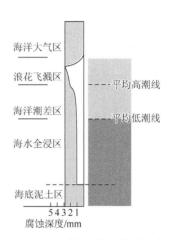

图 2-10　钢管 10 年的腐蚀深度

2007 年，Kaiser[36]在"平台能量损失统计"一文中，谈及浪花飞溅区是腐蚀最严重的区域。他认为浪花飞溅区氧供应充分，周期性的干湿交替，使这个区域的金属腐蚀速率大于海水部分的腐蚀速率。他认为：为了延长钢铁在浪花飞溅区的使用寿命，需要在金属结构物外面加耐腐蚀性能强的外壳，或者提高金属构筑物在该部位钢的厚度。

随着时间的推移，不仅科研工作者认识到钢铁设施浪花飞溅区腐蚀的严重性，一些欧美著名的组织和企业也逐步认识到这个问题，他们提出了关于海洋用钢在海洋环境不同区带腐蚀严重性的比较曲线图，尽管外观上略有差异，但都能反映出浪花飞溅区的腐蚀是各个区带中最严重的区域，如前面提到的国际铜业协会，以及北美最大的钢铁供应商——Skyline Steel LLC[37]。另外，美国 Tinnea & Associates 公司的 Tinnea 和 BergerABAM 公司的 Ostbo 也指出，浪花飞溅区腐蚀最为严重[38]（图 2-11）。

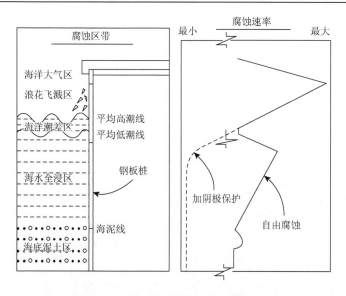

图 2-11　钢在不同腐蚀区带的腐蚀速率

　　美国 Mighty International 公司官方网站资料显示，海洋环境不同位置的钢管腐蚀速率如图 2-12 所示，他们认为在浪花飞溅区钢管的腐蚀速率是在海洋潮差区钢铁腐蚀速率的 6 倍多，是水下海水全浸区的 3 倍多。尽管在该区域可以用重防腐涂料和衬里保护方法，但该区域的腐蚀依然很严重[39]。

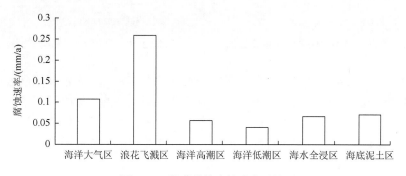

图 2-12　海洋结构腐蚀速率对比

　　秘鲁的 Farro 等[40]在 2009 年的电化学会议上指出，根据他们在秘鲁的塞拉维亚港口做的碳钢 6 个月和 12 个月的海洋挂片试验，发现碳钢在浪花飞溅区腐蚀速率最大，为 0.55mm/a，海洋大气区腐蚀速率为 0.37mm/a，海水全浸区的腐蚀速率为 0.23mm/a。他认为碳钢在浪花飞溅区腐蚀严重的原因是氧浓度高、周期性的干湿循环（图 2-13）。

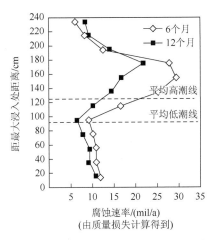

图 2-13　塞拉维亚港口 6 个月和 12 个月低碳钢的腐蚀速率

　　澳大利亚的 Jeffrey 等[24]在澳大利亚东海岸的杰维斯湾研究了 1m 长的钢条垂直挂在竹筏中的腐蚀行为,他们通过改变浸没在海水中钢条的深度,分别为 0.3m、0.4m、0.5m、0.6m、0.7m、0.8m、0.9m 等,研究不同浸水比例对腐蚀的影响。部分结果如图 2-14 所示。他们总结认为,尽管随着钢条浸入深度发生变化,腐蚀曲线形状有所变化,但浪花飞溅区都是腐蚀最严重的区域。

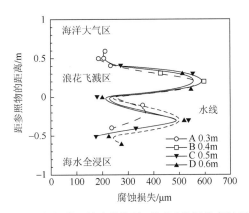

图 2-14　澳大利亚的杰维斯湾不同区带钢的腐蚀行为

　　在亚洲,日本的科学家也对浪花飞溅区腐蚀的严重性进行了专门研究,做了大量卓有成效的工作,阐述了浪花飞溅区腐蚀的严重性[11,23,26,41,42]。日本的 Akira[43]在 2009 年国际会议作报告指出,一般材料在浪花飞溅区的腐蚀速率是 0.3mm/a,海洋大气区<0.1mm/a,海洋潮差区为 0.1～0.3mm/a,海水全浸区为 0.1～0.2mm/a,海底泥土区是 0.03mm/a(图 2-15),浪花飞溅区的腐蚀速率约是海水全浸区的 3 倍,腐蚀环境最严酷。

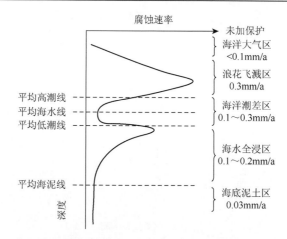

图 2-15   不同腐蚀区带的腐蚀速率示意图

新加坡国立大学的 Watanabe[44]在 2004 年撰文指出，在海洋环境的五个腐蚀区带中，浪花飞溅区腐蚀速率是最大的，这是由其严酷的腐蚀环境决定的。

印度的 Srinivasan[45]认为，在海洋环境中普通钢典型的腐蚀行为，浪花飞溅区腐蚀最为严重（图 2-16）。该国的 Khanna[46]也撰文提出：海洋设施要面对最苛刻的环境，但浪花飞溅区部分由于受到潮水飞溅的侵蚀，是最严酷的腐蚀环境。

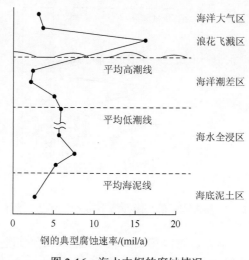

图 2-16   海水中钢的腐蚀情况

2.4   国内关于浪花飞溅区腐蚀的研究

在我国，首次利用长尺在外海进行钢材挂样是在 20 世纪 70 年代，由上海钢铁研究所、上海第三钢铁厂、中国科学院海洋研究所等单位联合在我国进行了外海的长尺试验。试验采用厚 6mm、宽 60mm、长 7000m 的钢带，分别在广西北海、浙江舟山和天津塘沽进行了试验，作者参加了全过程的工作，取得了可贵的第一手资料[47, 48]。在广西北海，使用热轧带钢做的 173d 和 400d[49]长尺试验结果如图 2-17（a）和（b）所示，在青岛海域 195d 的长尺试验结果如图 2-17（c）所示。从图中可以看出，在同一海区，其潮汐规律、海水水质等相同，三个不同钢种共同的特点是：浪花飞溅区腐蚀最严重，海洋潮差区腐蚀较轻。对比这三种钢材在浪花飞溅区的腐蚀速率，发现 20NiCuP 钢的耐蚀性能最好，A3 钢次之，而10MnNb 钢耐蚀性能最差。前面也提到，朱相荣等[19]也利用外海长尺试验研究了3C 钢在青岛、舟山、厦门、湛江海域的腐蚀规律情况（图 2-2）。

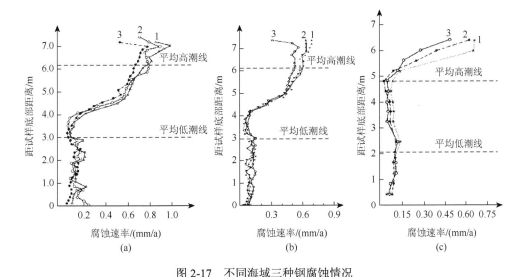

图 2-17　不同海域三种钢腐蚀情况

（a）北海海域 173d；（b）北海海域 400d；（c）青岛海域 195d
1. 10MnNb 钢；2. A3 钢；3. 20NiCuP 钢

在研究钢材在海洋环境不同腐蚀区带的腐蚀速率过程中，侯保荣等发现外海的现场试验是判定钢材在海洋环境中耐腐蚀性能可靠的方法，它可以较真实地反映钢材在实际使用中的腐蚀规律。但是，外海挂片工作量大、周期长、计量不准、误差大，同时还存在着因难以避免的台风和海浪的袭击使试样丢失的危险，造成数据不全使试验结果的可靠性下降，或者使试验工作前功尽弃。

室内的电化学测试及加速腐蚀试验等方法可以较快地对钢铁的耐腐蚀性能进行评定，对钢材的遴选起到积极的作用，但这些方法往往与外海的测试结果对应性差，也很难同时对钢铁材料在各种复杂环境中的腐蚀状况进行测定。

为了解决上述两种试验方法的问题，更为了适应海洋用钢研制的需要，侯保荣等查阅了大量国内外文献，分析比较了国内外有关腐蚀试验方法，于 1981 年创造发明了"电连接模拟海洋腐蚀试验装置和方法"[48]。该方法可以同时模拟外海实际存在的各种不同腐蚀环境，与外海长尺挂片有很好的一致性。

该方法的建立得到了兄弟单位的支持，当时的鞍山钢铁公司钢铁研究所、武汉钢铁公司钢铁研究所、包头钢铁公司钢铁研究所、马鞍山钢铁公司钢铁研究所、攀枝花钢铁公司钢铁研究所、上海钢铁研究所、上海第三钢铁厂、北京科技大学、浙江冶金研究所、大连理工大学等国内海洋用钢的研究单位均利用该方法进行了长尺腐蚀试验的研究，试验钢种达 100 余个。利用该试验装置取得了 1981～1991 年长达 11 年之久的长尺腐蚀试验的宝贵资料，目前在中国科学院海洋研究所，该模拟腐蚀试验装置仍在正常使用中。

多年来的试验结果证明，该方法简单方便，可以同时再现外海实际存在的海洋大气区、浪花飞溅区、海水潮差区、海水全浸区的各种复杂腐蚀环境，且与外海的试验结果有着较好的对应性，对评价材料在海洋不同环境的腐蚀性能有着非常明显的作用和优势。

这种装置的构造原理主要是：首先建造海洋腐蚀环境的试验装置（图 2-18），槽的下部设有排水口，试验槽的上部设有储水桶，储水桶中盛有新鲜海水并以一定的流速注入腐蚀试验槽。腐蚀试验槽内海水全浸区为 1m。当海水储水桶以 Q 的速度流出时，海水腐蚀槽的水面便渐渐升高。升到平均高潮线时，腐蚀试验槽

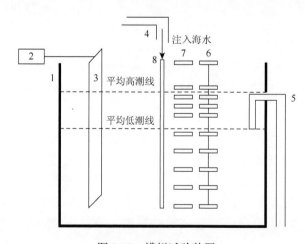

图 2-18　模拟试验装置

1. 试验水槽；2. 电动机；3. 造波机；4. 新鲜海水注入管；5. 虹吸管；6. 电连接试样；7. 分别挂片试样；8. 长尺钢带试样

的海水便自动以 $2Q$ 的速度排出，使槽内水面下降，这样反复进行，便模拟了外海潮差区的腐蚀环境。海洋潮差区的周期 T 可以用下式来表示：

$$T=2V/Q=2abH/Q$$

式中，V 为海洋潮差区的体积；Q 为储水桶的流速；a 为试验槽的长；b 为试验槽的宽；H 为海洋潮差区的高度。

槽内设有推板式造波机，使水面形成 3~5cm 的波浪，以此来模拟外海浪花飞溅区的腐蚀环境。

利用本装置获得的电连接挂片与分别挂片的试验结果如图 2-19 所示[50]，这与在美国卡罗来纳州 Kure 海滨的试验结果相类似。比较二者可以看出，其基本腐蚀规律是一致的。同样都表现出浪花飞溅区的腐蚀最严重，有一个明显的腐蚀峰值；而在海洋潮差区，利用模拟装置试验的电连接挂片与美国外海长尺挂片都显示出腐蚀轻微的趋势，这说明本方法可以较好地再现外海的腐蚀试验结果。

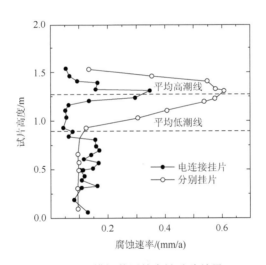

图 2-19　模拟装置的腐蚀试验结果

利用本试验装置，侯保荣等和国内兄弟单位一起进行了许多试验，评价了 100 余种合金钢的耐腐蚀性能，他们对其中试验条件完全相同的 18 种海洋用钢在不同区带的腐蚀速率对比进行了总结[51]，18 种钢材的具体组成见表 2-4，其试验结果如图 2-20 所示。从图中发现，在碳钢中由于添加合金元素的种类及数量不同，其腐蚀速率有明显差异，对于同一种材料，处于不同腐蚀区带，其腐蚀速率也不同，浪花飞溅区依然是腐蚀最严重的区域，一般为海洋大气区的 3~5 倍。同时他们认为：在分析合金元素对低合金钢耐腐蚀性能影响时，必须按照不同的腐蚀环境分别进行研究。

表 2-4 试验钢种的化学成分

编号	成分 合金元素 含量/% 钢种	Mn	P	Si	Cr	Mo	Al	Cu	V
1	10MoWVRC	0.46	0.08	0.03		0.48			0.104
2	10MoWPV	0.47	0.102	0.125		0.46			0.122
3	16MnCu1.45	0.021	0.4				0.348		
4	17NiCuP	0.61	0.124	0.058				0.34	
5	15SiMoAl	1.44	0.018	0.57			0.2		
6	10CrAl	0.51	0.014	0.068	0.41		0.27	0.33	
7	10Cr2AlMoRe	0.62	0.011	0.27	1.93	0.33	0.89	0.12	
8	10Cr2AlMo	0.65	0.017	0.039	2.12	0.42	0.86	0.12	
9	SM41C	0.68	0.017	0.25					
10	A3	0.46	0.006	0.2					
11	10NiCuCrAlNb	1.09	0.047	0.45	0.62		0.27	0.35	
12	07SiAlV	0.56	0.017	0.435			0.78		0.15
13	10CrNbCu	0.4	0.017	0.047	0.29			0.1	
14	10PV	0.67	0.116	0.43					0.8
15	12CuPV	0.51	0.09	0.27				0.325	0.083
16	12MoPV	0.54	0.092	0.27		0.52			0.08
17	10CuPV	0.96	0.091	0.36			0.128	0.34	0.055
18	1号钢	0.45	0.035	0.1	0.1			0.5	

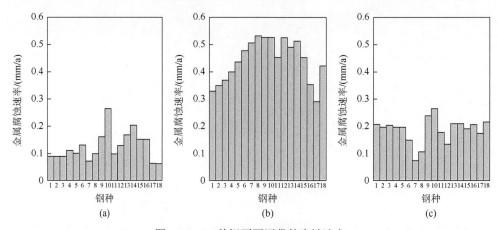

图 2-20 18 种钢不同区带的腐蚀速率

（a）海洋大气区；（b）浪花飞溅区；（c）海水全浸区

国内其他科研工作者对碳钢等在海洋环境不同区带的腐蚀规律也进行了大量研究，各种试验结果均表明浪花飞溅区是腐蚀最严重的区带[52-58]。初世宪等[58]的专著中也有对中国青岛海域、厦门海域、榆林海域不同海域 9 种不同碳钢、低合金钢在海洋潮差区、浪花飞溅区、海水全浸区的腐蚀速率的对比统计（表 2-5）。从表中可以看出，对于 9 种不同材料，其在不同海域中，浪花飞溅区是腐蚀最严重的区域，其腐蚀速率是海洋潮差区腐蚀速率的 3～5 倍。

表 2-5 碳钢、低合金钢在不同地区海域的腐蚀速率（单位：μm/a）

钢种代号	海洋潮差区（试验 8a）			浪花飞溅区（试验 4a）	海水全浸区（试验 8a）		
	青岛	厦门	榆林	青岛	青岛	厦门	榆林
16Mn	110	63	97	300	130	90	54
09MnNb	110	65	88	260	120	78	55
09CuPTiRe	92	58	69	230	120	870	575
12CrMnCu	110	71	140	—	180	89	110
10CrCuSiV	120	70	160	270	150	92	110
10CrMoAl	120	62	140	260	150	110	110
921				140	170	54	150
A3				300			
3C				280			

2.5 国内外浪花飞溅区腐蚀严重性事例

腐蚀试验和调查结果表明，在一般情况下，钢在海洋大气中的平均腐蚀速率为 0.03～0.08mm/a；浪花飞溅区为 0.3～0.5mm/a；海洋潮差区为 0.1～0.37mm/a；海水全浸区为 0.13～0.25mm/a；海底泥土区（或砂中）为 0.02～0.08mm/a[39]。对于普通碳钢、低合金钢等材料，在浪花飞溅区这个部位很容易发生严重的腐蚀破坏，使整个钢结构物承载力大大降低而影响安全生产，缩短使用寿命，提前报废。关于浪花飞溅区腐蚀严重性，国内外已有不少的实例，下面我们选择一些国内外有代表性的码头腐蚀事例进行简单的介绍，希望通过这种图文并茂的事例，增加人们对浪花飞溅区腐蚀严重性的认识，并引起足够的重视。

随着海洋开发的迅速进行，世界各个沿海国家都兴建了大量的海洋钢结构桥梁码头。关于桥梁码头的钢桩，很多由于保护不到位，出现了严重的腐蚀问题。

图 2-21 是日本学者经常引用的钢材在浪花飞溅区腐蚀严重性的照片。从照片上看出，该平台表面已经腐蚀得非常严重，特别是浪花飞溅区部分，已经出现大片的腐蚀锈层，严重的甚至出现右图所示的腐蚀穿孔，严重影响码头的安全性。

图 2-21　钢桩构造物在浪花飞溅区的腐蚀

　　图 2-22 所示的是国外某码头钢桩浪花飞溅区腐蚀照片，从照片上看出，该码头钢桩已经锈蚀非常严重，表面生成大量的锈层，且比较厚实。如果再不采取措施，将会严重影响该码头的正常运行。

　　图 2-23 是国外一座小型码头的腐蚀状况，这座码头的建成年代未考证，但是从照片上可以看出：在同一环境、同一地点使用同一种涂料，其保护效果是完全不同的。在海洋大气区涂料几乎完好；而在浪花飞溅区的涂料已完全剥落。这从侧面也说明了浪花飞溅区的严重性，同时也说明，对浪花飞溅区应当采用耐腐蚀性能更好的涂料，或者另外采取更好的防腐蚀方法。

图 2-22　国外海洋钢结构在浪花飞溅区的腐蚀　　　　图 2-23　某小型码头的腐蚀状况

　　毛里塔尼亚努瓦克肖特港又称"友谊港"，是钢桩式的构筑物码头，始建于1979 年，是中国援助非洲的第二大工程项目。该港位于毛里塔尼亚西海岸的中部，地处撒哈拉沙漠的西端。该港属热带沙漠气候，盛行北-北西风。年平均气温 28℃。全年平均降雨量约 400mm。码头运营 20 多年虽然经过多次修复和保护，但是腐蚀仍然非常严重，特别是浪花飞溅区部分，已经出现大面积的红锈，锈层成片剥落，严重影响该港口的正常使用，具体腐蚀状况如图 2-24 所示。

图 2-24　毛里塔尼亚"友谊港"腐蚀状况

在我国沿海，分布着大大小小几十个港口，它们分别于位于渤海、黄海、东海、南海四大海域，所处的海洋环境不同，其影响腐蚀的各种因素也有较大的差别，但使用的钢结构都有着严峻的腐蚀问题，特别是环境非常苛刻的浪花飞溅区部分，腐蚀更为严重。我们选择了四大海域的十几个有代表性的港口码头进行了腐蚀调查，以下就是具体的调查结果。

1. 渤海海域

渤海地处中国大陆东部的最北端，是一个近封闭的内海，渤海海域平均水深 18m，最大水深 85m，20m 以内的浅水海域面积占一半以上。多年平均气温 10.7℃，降水量 500～600mm，海水盐度为 30‰。渤海海底平坦，多为泥沙和软泥质。

对于该海域，我们选择 3 个港口进行钢桩码头的腐蚀情况调查。

第一个码头约有钢桩约数千根。通过现场调查，发现该港口码头钢桩腐蚀破坏较严重（图 2-25）。特别是浪花飞溅区部分，由于苛刻的腐蚀环境，其原来采用的保护涂料已经大片脱落，产生大量锈层。

图 2-25　渤海第一个港口码头腐蚀状况

对在渤海海域的另一个新建不久港口调查发现：尽管该新建码头采用了防腐措施，但其码头钢桩表面有大量生物层附着，浪花飞溅区部位漆膜大量脱落，一些钢桩在海水冲击作用下漆膜几乎完全磨损。钢桩表面局部点蚀现象比较明显（图 2-26）。

图 2-26　渤海第二个港口墩台腐蚀状况

在渤海海域调查的第三个港口，位于渤海西部，调查发现，该码头钢结构表面有大量海生物附着，浪花飞溅区部位漆膜脱落明显，出现锈蚀（图 2-27）。

图 2-27　渤海第三个港口码头腐蚀状况

2. 黄海海域

黄海海域海水平均深度 44m，水温年变化为 15~24℃，气候特点为冬季寒冷干燥，夏季温暖湿润。黄海大部分区域为规则半日潮，风浪秋冬两季最大，浪高常为 2.0~6.0m。

我们选择该海域的 3 个有代表性的港口进行钢桩码头的腐蚀情况调查。

黄海海域调查的第一个港口码头，其钢管桩的腐蚀状况如图 2-28 所示，调查发现：位于该港口的钢桩结构整体腐蚀非常严重，钢桩表面有斑点状生物层附着，浪花飞溅区部分外层漆膜几乎完全脱落。这主要是因为钢桩处于浪花飞溅区，海水的冲击加剧了材料的破坏。

图 2-28　黄海第一个港口码头腐蚀状况

在对黄海海域另一码头进行钢桩的腐蚀情况调查发现：该码头处于浪花飞溅区的钢桩在海水干湿交替过程的作用下，发生了严重锈蚀（图 2-29）。不少钢桩甚至出现大片的锈迹，该港口码头约有钢桩 2000 根，因此浪花飞溅区防腐工作显得十分重要。

图 2-29　黄海第二个港口码头钢桩腐蚀状况

　　黄海海域选择的第三个码头调查照片如图 2-30 所示。该码头钢结构腐蚀更严重，表面产生了大量锈层，且有大块脱落。该码头约有钢桩 600 根，根据调查的情况，亟需对其进行保护。

图 2-30　黄海第三个港口码头钢桩腐蚀状况

3. 东海海域

东海多为水深 200m 以内的大陆架。年平均水温 20～24℃，东海有较高的水温和较大的盐度，潮差 6～8m。

我们选择东海海域的 2 个港口码头进行腐蚀调查。

东海海域的某大桥腐蚀情况调查结果如图 2-31 所示。从图中可以看出，处于浪花飞溅区的墩台和钢桩表面脱落非常厉害，处在这个区域的墩台和钢桩受海浪冲击比较多，涂层很容易发生老化和脱落现象，加上浪花飞溅区频繁的干湿交替过程和充足的氧气供应，使金属材料在浪花飞溅区的电化学腐蚀速率明显大于海洋大气区和海水全浸区的腐蚀速率。

图 2-31　东海某港口大桥腐蚀状况

对东海海域另一码头调查，通过对比该码头 2 年和 3 年调查钢桩的腐蚀状况发现：该码头钢桩 2 年时，浪花飞溅区部位出现局部的轻微腐蚀[图 2-32（a）]，而 3 年调查的结果是浪花飞溅区部位腐蚀变得明显严重，出现大面积锈蚀和锈层脱落情况[图 2-32（b）]。这说明该码头采用的针对浪花飞溅区部位的防腐方法，效果十分不理想，仅经过 3 年时间，腐蚀就如此严重，这需引起有关人员的重视。

(a)　　　　　　　　　　　　　　　(b)

图 2-32　东海某港口钢桩腐蚀状况

（a）2 年；（b）3 年

4. 南海海域

南海海域平均深度 1212m，最深处达 5559m，潮差 2m。海水表层水温高（25～28℃），年温差小（3～4℃），雨量充沛，终年高温高湿，长夏无冬。

对南海海域，我们选择其中 2 个码头进行腐蚀调查。

通过对第一港口调查发现：该港口的钢桩，其处于浪花飞溅区部分表面涂层剥离现象严重，失去涂层保护的钢桩在海水的冲击和干湿交替过程的作用下，出现了严重锈蚀，产生大面积脱落的现象（图 2-33）。

图 2-33　南海某港口墩台腐蚀状况

南海海域调查的第二个港口，同样发现钢桩墩台表面附着大量海生物，钢结构处于浪花飞溅区部分腐蚀也比较明显，出现斑斑锈迹，具体状况如图 2-34 所示。

图 2-34　南海某码头腐蚀状况

2.6　钢铁在浪花飞溅区腐蚀的机理分析

对于普通钢铁结构，浪花飞溅区为什么腐蚀严重呢？前面我们也提到了，这是因为浪花飞溅区位于海水-海气交换界面区，经常处于潮湿多氧的状态，还有较强而频繁的海浪冲击作用[59]，加上高含盐量、海水的冲刷、供氧充分、日照充足、温度上升等这些因素综合导致钢结构在浪花飞溅区腐蚀最严重[60]。

钢铁材料在海洋飞溅带的腐蚀有两个特征：其一是钢铁材料在海洋飞溅区的腐蚀都有一个腐蚀最大值——腐蚀峰值；其二是钢铁材料在海洋飞溅区腐蚀生成的锈层是一年增加一层，具有"年轮"型规律，这是在有明显四季变化的海域中的特征[58]。浪花飞溅区腐蚀本质上是一个电解液膜的干湿交替的腐蚀过程，实际上类似于大气腐蚀过程，但是远比大气腐蚀严重。关于浪花飞溅区腐蚀的机理，主要从以下几方面进行讨论。

2.6.1　电解液膜形成的影响

在一定的相对湿度下，大气中的水汽在金属表面上凝聚或吸附成水膜是造成浪花飞溅区腐蚀的主要原因之一[61]。在浪花飞溅区中，金属表面存在着一层饱和了氧的电解液膜，所以浪花飞溅区的大气腐蚀过程的阴极过程优先以氧的去极化过程进行。如果金属表面由于不均匀而存在各种缺陷，或表面上沉积可溶性固体颗粒，则水蒸气优先在金属表面上的这些活性部位发生凝聚或吸附，进而长大形成液滴，这种液滴的存在加速金属的大气腐蚀过程。这时，其腐蚀速率主要受到液膜厚度、盐浓度的影响和 Cl^- 的影响。有研究报道发现腐蚀速率受到液膜厚度的控制[62]。开始时，钢铁表面溶液电解质较少，无法进行电化学反应，腐蚀速率较低。当液膜层达到一定厚度，具备了电化学反应的条件，并且氧浓度充足，腐蚀速率迅速增大。之后随着液膜层厚度的增加，氧浓度扩散受到一定的抑制，腐蚀速率明显下降。

浪花飞溅区是一个电解液膜的干湿交替的腐蚀过程，受到浪花飞溅区浪花冲击和阳光照射的影响，液膜厚度一直保持在一定厚度而且供氧充分。这使浪花飞溅区腐蚀速率明显远大于海洋大气区的腐蚀速率。

表面电解液膜的含盐量对腐蚀速率的影响也至关重要。朱相荣等用 ACM-1512B 智能大气腐蚀监测仪测定浪花飞溅区及海洋大气区中含盐离子的沉降量，并测定钢样上水膜的润湿情况，得到如图 2-35 所示的结果[52]。从图 2-35（a）中可以看到，浪花飞溅区中含盐粒子量在各个月份均远大于海洋大气区。此外，试验还表明，距海水平均高潮线一定距离的试片上含盐粒子量和腐蚀量都比远离平均高潮线的试片上的要高。

图 2-35（b）则说明浪花飞溅区峰值附近的含盐粒子量也远大于浪花飞溅区其他位置。含盐粒子在浪花飞溅区上积聚的量要比海洋大气区高3~5倍，甚至十几倍，而且在峰值附近，含盐粒子量更高。这是由于海水运动和蒸发，海盐粒子在平均高潮线以上的一定范围内的积聚远大于海洋大气范围内的积聚。

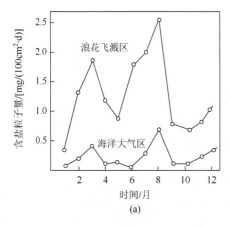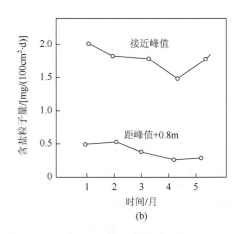

图 2-35　浪花飞溅区和海洋大气区含盐粒子量

（a）含盐粒子量在浪花飞溅区和海洋大气区的变化；（b）含盐粒子量在浪花飞溅区不同部位的变化

2.6.2　干湿交替的影响

表面干湿交替的频繁作用是影响浪花飞溅区腐蚀严重性的另一个重要因素。浪花飞溅区处于海洋大气与海水交换界面区。钢结构表面经常处于海水干湿交替状态，使表面富集更多的腐蚀性氯离子，因此金属构件在干湿交替环境下的腐蚀速率极高。

Nishikata 等[63]研究了碳钢在干湿交替环境下的腐蚀行为。认为碳钢的腐蚀分为三个阶段，第一阶段，Cl⁻浓度增大，使得腐蚀速率增大，腐蚀电位负移。第二阶段，腐蚀速率突然增大，发生金属溶解以及氧的去极化反应，腐蚀电位不变。第三阶段，腐蚀速率降低，电位负移，这时阳极溶解过程受到抑制。Veracruz 等[64]研究了碳钢在干湿交替环境下的小孔腐蚀行为，他们认为当溶液中 Cl⁻浓度达到一定临界值时，发生点蚀。

侯保荣等对钢材在海水-海气交换界面区的腐蚀行为进行了研究[65]，SS41 普通碳钢在海水中生成锈层的钢试样和海水-海气交换界面区带锈层钢试样的极化曲线如图 2-36 所示。结果表明这两种钢试样的锈层，其阳极溶解速度几乎是相等的；而对阴极反应来说，与前者相比，后者具有 10 倍以上的反应电流。这说明，在海洋钢铁构造物中海水-海气交换界面区的腐蚀速率大于海水全浸区的，这是由该海水-海气界面周期性的干湿交替引起阴极反应的不同造成的。

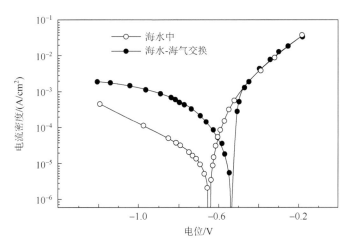

图 2-36　海水-海气交换界面区带锈层钢试样的极化曲线

2.6.3　合金元素的影响

低合金钢中的合金元素也对钢材在浪花飞溅区的耐蚀性能有着一定的影响。但要注意的是，海洋用钢的耐腐蚀性能与合金元素之间的关系随海洋环境的不同而有很大差异[25]；相同的合金元素对从海底泥土中开始，穿过海水全浸区、海洋潮差区、浪花飞溅区一直到海洋大气区的垂直海洋构造物（如海上采油平台、钢桩码头等）来说，其合金元素的影响效果也完全不同[23, 50]。内藤浩光提出，某些合金元素能够提高钢材在浪花飞溅区的耐腐蚀性能，但对海水全浸区的作用不明显，甚至使腐蚀速率加快[65]。

为了研究合金元素与钢材腐蚀性能的关系，侯保荣等使用了含各种不同合金元素的 50 余种钢材，用电连接的方法进行试验研究。将每种试片分别挂于海洋大气区、浪花飞溅区、海洋潮差区和海水全浸区，分别进行 2 年的试验。研究发现在碳钢中由于添加的合金元素的种类及数量不同，其腐蚀速率有明显差异，同时也可以看出，即使同一种材料，当处于海洋大气区、浪花飞溅区、海水全浸区等不同的自然环境中时，其腐蚀速率也不同。

例如，18 种钢种在海洋大气条件的腐蚀速率，10CuPV 钢的腐蚀速率最小，大约为 0.05mm/a；而 A3 钢的腐蚀速率最大，为 0.25mm/a，二者相差 5 倍左右。造成这种腐蚀速率差异的主要原因是钢中所含的合金元素的种类及数量不同。10Cr2AlMoRe 钢、10CrAlMo 钢、SM41C 钢（日本产普通钢）、A3 钢（国产普通钢）、07SiAlV 钢和 10PV 钢的腐蚀速率在浪花飞溅区无明显差异。同样的低合金钢在海洋大气区、浪花飞溅区和海水全浸区的腐蚀速率不同。其平均腐蚀速率最小的是在海洋大气区，其次是海水全浸区，腐蚀速率最大的是浪花飞溅区，一般为海洋大气区的 3～5 倍。因此，在研究合金元素对低合金钢耐腐蚀性能影响时，必须按照不同的腐蚀环境分别进行。

不同的合金元素及其不同的含量确实对低合金钢的耐腐蚀性能产生明显影响，相同的合金元素对低合金钢耐蚀性能影响的程度却又因不同的海洋环境而不同，这是一种极其复杂的过程。低合金钢在海洋环境中的腐蚀速率与合金元素的组成有着密切的关系，这种关系不能采用简单的数学公式来表示，研究相关关系的数学方法很多，作者根据大量的试验数据，利用电子计算机进行回归解析，得出了相应的回归方程式[66]。

根据回归解析，得到钢材在浪花飞溅区的回归方程式

$$Y=0.5613-0.0855[Mn]-0.5214[P]+0.0235[Si]+0.0751[Cr]-0.2665[Mo]$$
$$-0.0185[Al]-0.2051[Cu]+0.0561[V]$$

从浪花飞溅区的回归方程式可以看出，对处于浪花飞溅区的钢材来说，最有效的合金元素是 P、Mo 和 Cu。

2.6.4　锈层的影响

在海洋浪花飞溅区的腐蚀中，其表面所生成的锈层也起着重要作用[67, 68]，这是该区带腐蚀严重的内在因素。有报道指出，在含铜合金钢的腐蚀中，锈层中铜的富集改变了钢材的耐腐蚀性[65, 69]。

研究表明，在浪花飞溅区的干湿交替过程中，钢的阴极电流比在海水中的阴极电流大[65]。在海水中钢的阴极反应是溶解氧的还原反应，而在浪花飞溅区中的钢，锈层自身氧化剂的作用使阴极电流变大。因此认为，在海洋浪花飞溅区钢的腐蚀速率大于海水中的腐蚀速率是由于锈层作为氧化剂的还原作用对腐蚀的阴极过程起到了去极化的作用[52]。也就是说，浪花飞溅区的钢表面锈层在湿润过程中作为一种强氧化剂在起作用，而在干燥过程中，由于空气氧化，锈层中的 Fe^{2+} 又被氧化为 Fe^{3+}，上述过程反复进行，从而加速钢铁的腐蚀。

通过金相显微镜、扫描电镜和 XRD 等对暴露 8 年的浪花飞溅区锈层进行分析表明，其主要成分为 Fe_3O_4 和 γ-FeOOH，还存在 α-FeOOH 和 β-FeOOH，并在锈层中存在基体金属。整个锈层外观为明显的层状结构，具有磁性，锈层中存在裂纹、孔洞等缺陷[70, 71]。

γ-Fe_3O_4 具有导电性，有利于电化学反应进行，在干湿交替过程中锈层产生裂缝和通道，氧很快扩散进入锈层使 γ-Fe_3O_4 易于氧化，经过多次干湿交替过程，形成氧化-还原-再氧化的循环加速腐蚀，并由于季节性因素形成了易剥离的"年

轮"型层状锈层，其过程如下：

氧化：$4Fe \longrightarrow 4Fe^{2+} + O_2 + 2H_2O + 8e^- \longrightarrow 4FeOOH$

还原：$Fe^{2+} + 8FeOOH + 2e^- \longrightarrow 3Fe_3O_4 + 4H_2O$

再氧化：$3\gamma\text{-}Fe_3O_4(黑色) + 4Fe + 2O_2 \longrightarrow 4Fe_3O_4(褐色) + Fe^{2+} + 2e^-$

锈层被活泼的氯离子浸透，使过渡层中的金属脱离母体，或沿铁素体的晶界侵蚀部分金属脱离母体，形成锈层中未腐蚀的基体金属块。这种未腐蚀的基体，均被大面积的锈层包围，造成剧烈腐蚀，使锈层中未腐蚀的基体金属最后全部氧化而消失。碳钢在浪花飞溅区的锈层疏松、孔隙裂纹较多，阻抗低，保护性较差，是导致严重腐蚀的主要原因[72]。

在干湿交替的腐蚀环境中，钢铁的腐蚀机理模型如下：处于干湿交替过程的锈层在湿润条件下作为强氧化剂被还原，即锈层中的 Fe^{3+} 还原为 Fe^{2+}。另外，当锈层处于干燥条件下，锈层和底部基体的钢的局部电池成为开路，在大气中氧的作用下锈层重新氧化为 Fe^{3+} 的氧化物。在此模型中，阳极反应（$Fe \longrightarrow Fe^{2+} + 2e^-$）发生在金属/$Fe_3O_4$ 界面上，阴极反应（$6FeOOH + 2e^- \longrightarrow 2Fe_3O_4 + 2H_2O + 2OH^-$）发生在 Fe_3O_4/$FeOOH$ 界面上，因此锈层中发生 $Fe^{3+} \longrightarrow Fe^{2+}$ 的还原反应，参与阴极过程，加速钢铁的腐蚀，从而使氧扩散过程成为并非控制腐蚀的唯一因素。海洋潮差区因氧浓差宏观电池作用受到保护而使其腐蚀程度远远小于浪花飞溅区。海水全浸区生成的 $FeOOH$ 与干湿交替区通过大气氧化生成的 $FeOOH$ 的电化学活性及作为底层的 Fe_3O_4 的导电性不同，不能发生还原反应，海底泥土区生成的 $FeOOH$ 可能具有与海水全浸区的 $FeOOH$ 相同的性质。

2.6.5　电化学腐蚀的影响

钢铁在干燥的空气里长时间不易腐蚀，但在潮湿的空气中很快就会腐蚀。原来，在潮湿的空气里，钢铁的表面吸附了一层薄薄的水膜，这层水膜含有少量的氢离子与氢氧根离子，还溶解了氧气等气体，结果在钢铁表面形成了一层电解质溶液，它与钢铁中的铁和少量的碳恰好形成无数微小的原电池。在这些原电池中，铁是负极，碳是正极。铁失去电子而被氧化。电化学腐蚀是造成钢铁腐蚀的主要原因并且电化学腐蚀往往比化学腐蚀更加厉害。但是海洋钢结构浪花飞溅区腐蚀严重性可能不只是这些腐蚀电池造成的。

研究发现海洋潮差区和海水全浸区试片之间存在着明显的宏观腐蚀电池，海洋潮差区在宏观腐蚀电池中是阴极，接受保护电流，海水全浸区输出保护电流，但是，我们也可以发现钢结构浪花飞溅区与海洋潮差区相互接壤的区域，会相互影响，浪花飞溅区往往比海洋潮差区腐蚀严重得多，因此，浪花飞溅区与海洋潮差区会形成电偶腐蚀，这说明海洋潮差区所接受的保护电流不完全是由海水全浸区提供的。这时，浪花飞溅区作为宏观腐蚀电池中的阳极，这将进一步加速浪花飞溅区钢结构的腐蚀。

第3章　海洋钢结构浪花飞溅区腐蚀防护方法

海洋环境浪花飞溅区的腐蚀因素众多，腐蚀条件复杂，是海洋钢结构腐蚀最严重的区带。暴露在浪花飞溅区的钢结构物必须采取有效的腐蚀防护措施，才能保证安全运行。"十三五"及今后更长一段时间，我国将在海洋资源开发、海上交通运输等领域建设大量的基础性设施，这些在役和新建重大基础设施的腐蚀安全性问题需要得到高度重视。因此，钢结构浪花飞溅区腐蚀防护技术研究显得尤为重要。

国内对浪花飞溅区腐蚀的严重性认识较晚，一直未有针对性的、经济的、长效的防护方法。国际上日本、英国、荷兰、美国等沿海发达国家十分重视海洋设施的腐蚀防护工作，并且针对位于海洋不同腐蚀区带的钢结构，研制出具有针对性的腐蚀防护技术，在施工方面也积累了较丰富的经验，基本解决了浪花飞溅区的腐蚀问题。

目前，国内外对海洋钢结构物的浪花飞溅区采取的腐蚀防护措施主要有以下几大类：加厚钢板，采用增加"腐蚀裕量"的方法；采用耐海水钢，从根本上提高钢材本身的耐腐蚀性能的方法；采用电化学方法进行保护，电化学方法是对海洋钢结构海水全浸区防腐蚀行之有效的成熟方法，人们也希望这种方法能沿用到浪花飞溅区；混凝土包覆也是较早采用的浪花飞溅区防腐蚀方法之一；涂料防护是目前应用最广泛的腐蚀防护手段，随着涂料技术的不断改进，逐渐研发出能适用于浪花飞溅区的新的涂料产品；采用金属覆盖层进行防护的方法，近些年在很多大型工程上得到应用；复层矿脂包覆防腐技术是最有效的浪花飞溅区防护方法，在国外已经得到广泛的应用。本书的第4章、第5章将着重介绍该技术的优势、施工工艺及工程应用情况。

上述几种海洋钢结构腐蚀防护技术中，有的技术早期就开始被应用，如通过加厚钢板来增加"腐蚀裕量"的方法，随着科学技术的进步，这种方法已不大被采用，而被更加经济、效果更好的方法代替；有的技术则已经被广泛应用，如涂料防护，本节则只侧重介绍能在海洋浪花飞溅区重腐蚀环境中应用的涂料；有的技术在国外已经成熟，而在国内才刚刚兴起，如复层矿脂包覆防腐技术。本书重点将对复层矿脂包覆防腐技术进行介绍与总结。

3.1　腐蚀裕量方法

在人们对海洋钢结构不同海洋区带中的腐蚀规律认识完全之前，对海洋钢结构的腐蚀防护设计主要采取加厚钢板，即增加腐蚀裕量的方法，有时也把这部分钢材称为"牺牲钢"或者"钢套"。一般是在工程设计阶段，根据钢结构预期使用寿命和所处环境介质对钢铁的腐蚀速率计算腐蚀裕量，将原设计使用的钢板加厚，以防止整个钢结构由于腐蚀而使机械性能低于设计值。例如，在海洋采油平台、钢桩码头等海洋钢结构，常在原设计基础上加厚一层钢板作为牺牲钢，从而延长钢结构物的使用寿命。加厚部位的钢板在设计上是非载荷部分，即使这部分完全腐蚀对整个结构物的安全也不会造成影响。

我国第一座海上大型栈桥式码头就是采用增加腐蚀裕量的方法进行设计和施工的。该码头是 20 世纪 70 年代初国家重点工程，码头地处杭州湾畔。码头钢管桩的直径为 80～120cm，长度为 27～47m，近 400 根。根据设计采用壁厚为 12mm的钢板即可，但为了防止腐蚀所造成的安全事故，故将所有钢板加厚到 18mm。在 20 世纪 70 年代，由于没有完整的、高效的防腐蚀方法，加厚钢板的防护措施是可行的。在海洋大气区，腐蚀速率慢，涂料就可以提供良好的保护；而在海水全浸区，由于可以形成完整回路，阴极保护防护效果可以达到 95%以上。因此，在这两个区域，没有必要进行加厚钢板防护。由于当时对海洋各区带的腐蚀规律的认识不足，不只对位于腐蚀最严重的浪花飞溅区的部位增加厚度，而是从上至下全部加厚，这样仅因为腐蚀裕量就使用了几千吨的钢材，造成浪费。这就如同"木桶理论"中的短板问题原理，其实只要解决好关键部位的腐蚀问题，就可以保证整体结构的使用寿命，并且减少资源浪费，也就是我们平时所说的"好钢要用到刀刃上"。因此，这种采用对所有的钢桩上下一致增加腐蚀裕量的方法是不可取的。由于设计者对海洋各区带的腐蚀规律认识，在设计过程中采取"大锅饭"式的设计，就会造成一定的资源浪费。

美国、日本、俄罗斯等发达国家也曾采用加厚海洋钢结构浪花飞溅区部位钢板的方法来延长结构物的寿命，如美国规定牺牲钢的厚度为 1/2ft，耐用期限为 10年。在美国 Kure 湾的某海洋结构物，只在浪花飞溅区特殊部位采用增加腐蚀裕量的方式进行防护，其设计寿命为 20 年。但由于一般选用的多为普碳钢，耐蚀性较差，所加钢板按 0.5～1.0mm/a 的腐蚀速率计算，其 20 年的腐蚀量在 10～20mm。同时加厚钢板要采用与结构物相同的钢种，以防止发生电偶腐蚀。

但是这种加厚钢板的腐蚀裕量方法存在一些缺陷，如钢材在海洋环境各区带中的腐蚀速率不一致，并不是平均腐蚀，在浪花飞溅区和海洋潮差区腐蚀最严重，存在着大量腐蚀点、腐蚀坑，这些局部腐蚀对于海洋结构物来说是潜在的巨大隐患；增加腐蚀裕量将增加码头钢桩或采油平台的自重负荷，引发结构安全问题；增加腐蚀裕量会造成钢材的大量浪费；对于已建成的构筑物，由于海上风浪较大，现场安装焊接施工非常困难；对钢结构采取加厚钢板的焊接时，会有焊缝腐蚀发生，钢材材质不同时还会发生接触腐蚀。

　　由于存在以上缺陷，日本官方明确指出将增加腐蚀裕量的方法排除在海洋钢结构腐蚀防护对策之外；其他发达国家也逐渐不再采用该方法。

3.2　耐浪花飞溅区腐蚀钢

　　放眼全球，开发利用海洋已成为全球转移承载产业和人口的重要途径。而海洋资源的大力开发，必然要涉及海洋石油平台、海港码头、跨海桥梁等基础性设施的建设与使用，因而这些设施所使用的钢材数量也在逐年增加。

　　人们在努力研究各种腐蚀防护手段的同时，也希望能通过提高钢材本身的耐腐蚀性能，从根本上杜绝腐蚀的发生。耐海水腐蚀钢的研究引起了各国研究者的普遍重视[73-80]。研究者试图通过在钢材中添加 Cr、Mo、Mn 等合金元素[81-83]来提高其耐蚀性能。随着钢铁冶炼技术的进步不断完善和成熟，已开发出多种性能良好的耐海水钢如 Cor-Ten A、Cor-Ten B、Ni-Cu-P 钢、10CrMoAl、10CrCuSiV 和 JN235-345Re 以及日本开发的 MARIWEL H400、MARIWEL H490、CUPLOY400-CL 等钢种。图 3-1 给出耐海水钢与普通碳钢在海水中的腐蚀速率曲线。

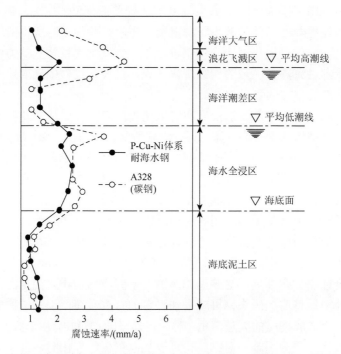

图 3-1　浪花飞溅区耐海水钢与普通碳钢腐蚀速率曲线（暴露 9 年，美国 Kure 湾）

耐海水钢最早开发于 20 世纪初，有研究者发现添加少量铜（0.008%～0.49%）和磷（0.01%～0.12%）对提高钢的耐蚀性具有显著效果[84]。最早开发出耐腐蚀性较好耐海水钢的是美国 U. S. Steel 公司[85-87]，当时开发的是镍、铜、磷（Ni-Cu-P）系耐海水钢，即我们常说的"玛丽娜"（Mariner）钢，其屈服强度在 345MPa 以上。其耐候性是普通碳素钢（Cu 含量≤0.02%）的 4 倍，含铜钢的 2 倍。Ni 的添加除了能提高钢材的强度和韧性外，还能够提高钢的耐候性，特别是在海洋高盐分环境下的耐候性[85]。"玛丽娜"钢在浪花飞溅区的耐腐蚀性能比碳钢提高 2～3 倍，但在海洋潮差区和海水全浸区的耐腐蚀性能并没有明显的改善。此外，还因为其中含有较多的 P，这种钢材焊接性能下降，因此仅用于焊接性能要求不高的海岸围堰、深水船坞、钢管桩等钢结构，限制了该钢种在海洋钢结构上的应用。同时这种钢由于含有价格较高的 Ni、Cu 等元素，其价格较高，这也直接影响"玛丽娜"钢在海洋开发中的应用。

1965 年，美国 U. S. Steel 公司的该项技术分别被当时的富士制铁（1965 年 6 月）、八幡制铁公司（1965 年 8 月）及 1967 年被川崎制铁公司（1967 年）引入日本，并结合实际情况展开了针对浪花飞溅区用耐海水钢的研究，开发出兼具良好耐海水腐蚀性能和焊接性能的耐海水钢。其中，比较有代表性的是用于钢桩材料的 Cr-Cu-P 系、Cu-Cr-Al-P 系、Cu-Cr-Mo 系、Cr-Al 系、Cu-Cr 等系列低合金钢。其主要特征是：与 U.S.Steel 公司的做法相反，不添加 Ni 元素，改为添加 Cr 元素。这样既降低了成本，又因 Cr 元素的添加提高了耐蚀性。实际环境下的腐蚀试验也表明，这些含 Cr 的低合金钢在海洋浪花飞溅区的耐蚀性尤为良好，从图 3-2[88]可

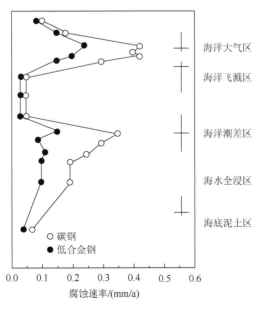

图 3-2　碳钢、低合金钢的腐蚀速率（暴露 5 年，日本福山港）

以看出，这些低合金钢的耐腐蚀性能比普通碳钢提高了 2 倍左右。其耐蚀性提高的主要原因是，合金中添加了 Cr 和 Al 等元素，这些元素的氧化产物形成一层致密的保护膜，从而提高了整体的耐腐蚀性能。

现在，日本出售的耐海水钢有十几种，可大致分为浪花飞溅区用钢、海水全浸区用钢及浪花飞溅区和海水全浸区并用的耐海水钢。其中应用于浪花飞溅区的钢种有新日铁的 NK 马丽尼 50、三菱制钢的 NER-TEN50 及 NER-TEN60、神户制钢所的 TaicorM50（A.B.C）等。常用于钢桩的有 Maniloy G、Mariloy P59 系钢，其在浪花飞溅区具有良好的耐蚀性能。

法国 Pompey 公司的 E. Herzog 成功地研制出 Cr-Al 系的 APS 耐海水钢，并于 1965 年与日本的 NKK 公司签订了 Cr-Al 系的 8 种 APS 耐海水钢的生产技术合作[89]。德国也研制成 HSB55C 钢（Ni-Cu-Mo 系），已应用于海洋平台。

在我国，耐海水腐蚀低合金钢的研究起步较晚，开始于 20 世纪 60 年代，上海钢铁研究所、鞍山钢铁研究所、舞阳钢铁研究所、攀枝花钢铁研究所、马鞍山钢铁研究所、上海第三钢铁厂、浙江冶金研究所、北京科技大学、中国科学院海洋研究所等单位都开展了大量的研究工作。

侯保荣等[90, 91]利用所建立的模拟海洋环境的腐蚀试验装置，采用电连接的试验方法，对 100 种含有不同合金元素的低合金钢进行了腐蚀试验，分析了不同元素对钢材在海洋大气区、浪花飞溅区、海水全浸区等不同海洋区带耐腐蚀性能的影响。结果表明，与普通碳钢相比，10MWPVRe 钢、10MWPV 钢、17NiCuP 钢在浪花飞溅区耐蚀性能提高较显著，在海水全浸区的耐蚀性能却无明显变化；10Cr2MoAlRe 钢和 10Cr2MoAl 钢在浪花飞溅区和海洋大气区的耐蚀性能没有明显提高，但在海水全浸区的耐蚀性能较好。图 3-3 给出典型的三种钢材在海洋不同区带下的腐蚀速率曲线。

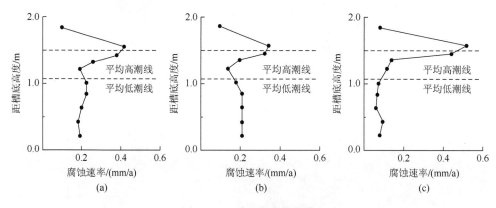

图 3-3　三种钢的腐蚀规律

（a）普通碳钢的腐蚀规律；（b）17NiCuP 钢的腐蚀规律；（c）10Cr2MoAlRe 钢的腐蚀规律

从图中可以看出[92]，低合金钢在浪花飞溅区耐蚀性与在海水全浸区的耐蚀性能并没有确定的相关性，如图 3-3 中的 17NiCuP 钢，即合金元素对低合金钢耐蚀性能的影响随环境条件不同而有所差异。为了验证这种说法，侯保荣等[93]使用了含各种不同合金元素的 50 余种钢材进行了 90 天至 2 年的试验。结果表明，同一种钢材在海洋大气区、浪花飞溅区、海水全浸区等不同的海洋腐蚀区带，其腐蚀速率也不同。该试验也进一步说明了，低合金钢中由于添加元素的种类和含量不同，其在海洋不同区带的耐腐蚀性能也不尽相同，没有一种能够适用于所有海洋区带的万能钢种。

虽然耐海水钢较普通碳素钢的耐腐蚀性能强，但完全裸露使用时仍然存在腐蚀问题，仍需采取相应的防护措施。

3.3　阴极保护技术

阴极保护技术是电化学保护技术的一种，其原理是向被腐蚀金属结构物表面施加一个外加电流，使被保护结构物成为阴极，从而使金属腐蚀发生时的电子迁移得到抑制，避免或减弱腐蚀发生。阴极保护技术分为牺牲阳极阴极保护和外加电流阴极保护，目前该技术已经成熟，广泛应用到海洋钢结构，如桥梁、码头、石油平台等设施上，同时也在土壤、海水、淡水、化工介质中的钢质管道、电缆、舰船、储罐罐底、冷却器等金属构筑物的腐蚀控制中得到广泛应用。

1823 年，英国学者戴维接受英国海军部对木制舰船的铜护套腐蚀的研究，用锡、铁和锌对铜进行保护，相关报告发表于 1824 年，成为现代腐蚀科学中阴极保护的研究起点。虽然戴维采用了阴极保护技术对铜进行保护，但对其工作原理却并不清晰。1834 年，电学的奠基人法拉第奠定了阴极保护的原理；1890 年，爱迪生根据法拉第的原理，提出了强制电流阴极保护的思路。1902 年，柯恩采用爱迪生的思路，使用外加电流成功地实现了实际的阴极保护。1906 年，德国建立第一个阴极保护厂；1910~1919 年，德国人保尔和佛格尔用 10 年的时间，在柏林的材料试验站确定了阴极保护所需要的电流密度，为阴极保护的实际使用奠定了基础。1928 年，被称为美国"电化学之父"的柯恩（Kuhn）在新奥尔良的一条长距离输气管道上安装了第一套牺牲阳极保护装置，为阴极保护的现代技术打下了基础。1939 年，在中东巴林的海中输油管线上应用了阴极保护技术，到 20 世纪 50 年代，阴极保护技术已得到普及，并大量应用于船舶水下保护。

1953 年，日本正式把阴极保护技术应用到海湾港构筑物上，在港口的防潮堤水闸门上运用镁合金阳极进行牺牲阳极保护。1954 年，在闸门钢板式码头上采用外加电流阴极保护。随着阴极保护技术的发展，电源装置逐渐小型化、简单化，日本于 1960 年开始在全国各地推广试用外加电流阴极保护技术。1970 年，开发出水中焊接法，可以直接将牺牲阳极的钢芯在水中焊接在钢结构上，大幅度缩短了工期，提高了施工的安全性，并可以对已建成的钢构造物施用阴极保护技术。

我国于 20 世纪 50 年代初从国外引进了外加电流阴极保护技术，并取得试验研究的成功。1968 年，我国开始将阴极保护技术在海上的大型石油平台上试验应用。由中国科学院海洋研究所和原华北石油勘探指挥部海洋指挥部在总面积为 1500m^2 的海洋石油平台上进行了外加电流阴极保护的试验，并在石油平台阴极保护所需要的电流密度、风浪和潮流对保护电位的影响、阳极的安装、参比电极的选择等方面积累了经验。

1974 年，我国开始在海上大型钢铁设施正式采用阴极保护方法进行腐蚀防护。由原交通部第三航务工程局港工科学研究所、中国科学院海洋研究所和南京水利科学研究院等单位针对上海石油化工总厂的陈山原油码头进行了外加电流阴极保护工程，于 1975 年 9 月开始运转。该项工程在杭州湾水域的保护电流密度，保护电位的分布，涨潮、退潮对保护电位的影响，涂料和阴极保护电位之间的关系，高硅铸铁阳极性能，阳极的安装，电极接头的密封等方面取得了第一手资料，在我国海上钢铁设施的阴极保护施工方面取得了成功的经验。

但是，阴极保护应用于海洋钢结构浪花飞溅区的腐蚀防护，还具有一定的局限性，中国科学院海洋研究所在该方面展开了一定的研究。研究结果表明，阴极保护对海水全浸区的钢结构具有很好的保护效果，而在潮差区的防护效果则与钢材在海水中的浸泡时间有密切关系。图 3-4 给出的是采用阴极保护与未采用阴极保护的 16Mn 钢在模拟海洋环境的腐蚀试验装置中的腐蚀失重曲线。试验结果表明，在阴极保护的情况下，平均中潮线附近，钢腐蚀较轻，阴极保护约有 50%保护效率；在平均中潮线至平均低潮线之间，约有 70%保护效率；在平均中潮线至平均高潮线，由于海水浸泡率太低，不能形成电流回路，阴极保护几乎不能发生作用。钢结构浸渍率与阴极保护防腐蚀率的关系具体如表 3-1 所示。该试验结果与 Tinnea（美国 Tinnea & Associates 公司）和 Ostbo（Berger ABAM 公司）的研究结果一致（图 3-5）[38]。

表 3-1 浸渍率与阴极保护防腐蚀率的关系[6]

海水浸渍率/%	防腐蚀率/%	海水浸渍率/%	防腐蚀率/%
0～40	41～60	81～99	91 以上
41～80	61～90	100	95 以上

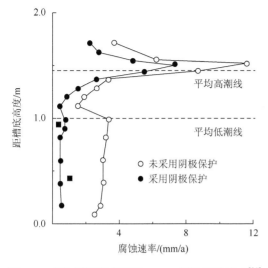

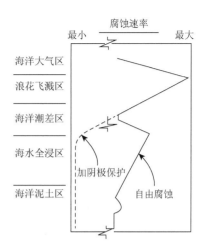

图 3-4　有和无阴极保护时 16Mn 钢的腐蚀速率[91]　　图 3-5　采用和不采用阴极保护时钢在
　　　　　　　　　　　　　　　　　　　　　　　　　　　　不同腐蚀区带的腐蚀速率[91]

　　为了提高阴极保护技术在海洋潮差区和浪花飞溅区的防护效果，美国一项专利提出如下方法：对处于海洋潮差区和浪花飞溅区的钢桩、海洋平台等钢结构，先在其表面覆盖一层吸水层，即用锯屑、膨润土之类吸水物质包覆在钢结构表面，使其保持湿润状态，从而提供保持电流回路的电解质。具体方法是：将石膏 75%、膨润土 20% 和硫酸钠 5% 混合在一起，再在这些吸水性材料的内部埋装镁合金等制成的牺牲阳极，用布制外套包裹后，均匀包覆在被保护的钢结构表面，从而使钢结构位于海洋潮差区部位能够得到充分的保护[94]。

　　日本公布了一种适用于海洋钢构筑物海洋潮差区电化学保护用的浮动式电极装置。这项发明提出，把牺牲阳极（由铝、或锌或镁的合金制成）装在环形泡沫塑料漂浮体圆周的一侧，使它随潮汛变化漂浮在被保护桩的附近，于是便能使接触海水的管桩按海水变化的范围，选择不同的海洋潮差区部位进行保护。在漂浮体和牺牲阳极间装钢丝等导电增强材料，使其一部分与牺牲阳极连接，这样牺牲阳极就不会直接碰触到被保护体；同时，还可防止由于阳极溶解的不均匀性而失去导电性能，并可起到加固漂浮体作用。这种方法的优点是阳极能随水位的变化而自动改变防护区域，使被保护体在海洋潮差区有适当的电位分布，减轻腐蚀。由于这种装置非常简便，且牺牲阳极耗损后更换方便，即使碰到障碍物或其他原因，漂浮体不能随水位变化而升降，也可由牺牲阳极提供电化学保护所必需电位分布，故具有较好的防腐蚀效果。

　　国内黄彦良[95]提出了一种海洋浪花飞溅区钢铁设施腐蚀防护方法，即在浪花飞溅区的钢结构表面引入一层电解质膜，使牺牲阳极为钢结构表面提供阴极保护电流，以保护钢结构。具体方法为：先将毛细吸水层缠绕于被保护体内层上，在钢结构表面引入一层电解质膜，在中层设牺牲阳极，为钢结构表面提供阴极保护电流，然后在外层设纤维增强的塑料外壳，用螺栓固定在钢结构上，构成牺牲阳极护套结构。这种方法的优点在于，施工相对简单，不但适用于新建海洋钢结构的腐蚀防护，而且适用于在役钢结构腐蚀防护措施的更新和修复，还能对保护效果进行实时监测。

鉴于上述研究结果，要将阴极保护技术应用于浪花飞溅区和海洋潮差区，需要对现有的技术进行改进，各国虽然都作过一些研究，也已获得初步成果，但至今仍没有在浪花飞溅区应用阴极保护技术的成熟案例。

3.4　混凝土包覆层技术

混凝土的广泛定义是由胶凝材料（如水泥）、水和骨料等按适当比例配制，经混合搅拌，硬化成型的一种人工石材。

随着建筑业的发展，混凝土的种类越来越多，现在混凝土已发展成为一个庞大家族。混凝土的种类按胶凝材料分为：无机胶凝材料混凝土，如硅酸盐混凝土、水泥混凝土、石膏混凝土、水玻璃混凝土等；有机胶凝材料混凝土，如沥青混凝土、聚合物混凝土等；复合胶凝材料混凝土，如聚合物混凝土等。混凝土按使用功能分主要有结构混凝土、保温混凝土、装饰混凝土、防水混凝土、耐火混凝土、水工混凝土、海工混凝土、道路混凝土、防辐射混凝土等。

混凝土是一种强碱性物质，新拌混凝土的 pH 一般都在 12～13 之间，在这种环境下，钢材表面会生成一层钝化膜，阻止了腐蚀的发生；另外混凝土还具有较高的强度和良好的耐久性，因此研究者将一定厚度的混凝土包覆在处于浪花飞溅区的钢桩部位，对其进行腐蚀防护；考虑到海洋潮差区受到海水间歇性润湿，腐蚀也很严重，因此这种混凝土包覆层需一直延伸到平均低潮线以下，以达到最佳的腐蚀防护效果。

采用混凝土包覆层对钢桩处于浪花飞溅区的部位进行防护，具有较好的保护效果，有不少国家与地区采用该技术。日本港湾观测塔和灯标的浪花飞溅区也部分采用混凝土包覆的防护方法，实践证明防护效果良好。日本还报道过用水泥砂浆和环氧砂浆包覆层对码头钢板桩、栈桥钢管桩进行腐蚀防护的案例。在我国，顾正贤等[96]于 1994～1996 年采用玻璃钢（FRP）护套灌注高强混凝土技术对杭州湾 1# 原油码头的引桥和系缆墩钢桩浪花飞溅区进行腐蚀防护处理。

1990 年，由法国研制成功的超高性能混凝土（ultra-high performance concrete），也称活性粉末混凝土（reactive powder concrete，RPC），是过去 30 年中最具创新性的水泥基工程材料。超高性能混凝土材料是由水泥、硅灰等不同级别的颗粒和高效减水剂、专用纤维（钢纤维：FM，有机纤维：FO）及水构成的，不含粒材。

超高性能混凝土成型体具有普通混凝土 6～8 倍的强度,具有高度细密性以及极高的氯化物离子阻隔作用。

2002 年,日本太平洋水泥株式会社将一种名为"高性能混凝土模板"的超高强度纤维加固砂浆作为高耐久性薄壁防护罩,申请并通过了(财)土木研究中心的建设技术审查,在国土交通省进行了登记;并对超高性能混凝土罩的薄壁化、超高性能混凝土罩内壁与砂浆间的附着力以及超高性能混凝土罩安装方法等作为研究课题进行了研究。研究结果发现,将超高性能混凝土罩一分为二,分别在两端法兰处利用耐腐蚀性螺栓进行固定是最佳的加固方法,具体结构如图 3-6 所示。图 3-7 和图 3-8 是超高性能混凝土包覆技术在日本的应用实例。

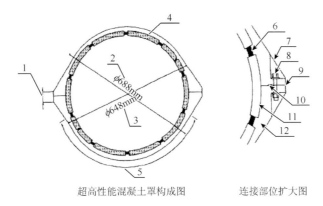

超高性能混凝土罩构成图　　　　　连接部位扩大图

图 3-6　超高性能混凝土罩断面图

1. 连接部位测定位置;2. 罩外尺寸;3. 罩内尺寸;4. 无收缩性砂浆;5. 弧周测定位置;6. 缓冲材料;7. 螺栓盒(拧紧后用砂浆填实);8. 螺栓(SUS304,M10);9. 环氧树脂密封;10. 密封槽;11. 无收缩性砂浆;12. 超高性能混凝土罩

图 3-7　高性能混凝土在观测栈桥钢管桩上的　　　图 3-8　超高性能混凝土罩在新建系船柱上的
　　　　　应用　　　　　　　　　　　　　　　　　　　　　　应用

混凝土包覆层的施工方法有抹涂、无气高压喷涂、离心浇涂等多种，前两种较为常用。混凝土包覆层的施工应注意以下几点：

（1）混凝土厚度要求。由于混凝土是多孔结构，其防护寿命与厚度关系很大。相同环境下，混凝土包覆层厚度越大，其防护寿命越长。在海洋环境下，混凝土包覆层的规定厚度如表 3-2 所示。

表 3-2　不同海洋区带混凝土包覆层厚度规定

海洋区带	我国规定厚度/cm	国际应用厚度/cm
海洋大气区	5.0	4~7.5
浪花飞溅区	6.5	5~7.5
海水潮差区	5.0	5~7.5
海水全浸区	3.0	5~6

（2）混凝土质量要求。不同使用环境要选用不同种类的混凝土保护层，同时要对水泥标号、水灰比、骨料等严格要求。一般情况下，水灰比越小，水泥标号越高，骨料质地越好，混凝土包覆层的防护性能越佳。在海洋环境中应用时，水灰比一般要少于 0.4~0.5，水泥用量多在 $300~415kg/m^3$，并且采用高标号加助剂的水泥。特别注意水或骨料沙中卤素离子含量，规定 Cl^- 应少于水泥质量的 0.1%~0.15%。施工时宜用模板浇筑，浇筑时应注意充分振捣，防止蜂窝和漏浆现象。

（3）混凝土覆盖层的结合力。除了从混凝土的配方选择上提高包覆层的结合力之外，还要从基体表面处理和施工工艺上提高与基体的结合力，如采取基体去油污和粗化处理，增加过渡层和增强丝网等工艺。

（4）选用混凝土密闭层。为提高混凝土包覆层的抗渗透能力，往往要在干燥的混凝土包覆层上再涂刷相应的有机封闭层，可大大提高混凝土包覆层的防腐蚀、抗渗透性能。

（5）混凝土包覆层的施工范围。应根据结构物是否已实施阴极保护而定：若水下部分采用阴极保护防护，混凝土层最少应包覆至低潮线以下 1m；若水下部分未采用阴极保护防护，混凝土层应包覆至海底泥土区以下 1m。

混凝土包覆层也存在一些缺点，首先是对混凝土的质量要求较高；其次对包覆层的厚度也有相应要求，同时，由于增加了混凝土的厚度，也相应地增加了构筑物的载荷。

由于浪花飞溅区所处环境复杂，随时会受到波浪以及波浪带来的漂流物、波浪破碎之后形成的泡沫状流体的冲击作用。当施工缺陷以及环境等各种因素导致的老化发生时，混凝土表面的组织脆化，海水、氧、二氧化碳和氯离子等腐蚀性介质渗入，引起钢桩表面钝化膜的破坏，钢桩表面开始锈蚀。由于其腐蚀产物的体积比铁大 2～4 倍，产生的膨胀力可达 30MPa，体积膨胀压力对钢桩周围混凝土产生拉应力，且漂流物和波浪不断冲击，使混凝土开裂，甚至使混凝土保护层剥落，导致失去防护作用[95]。如果在使用混凝土包覆层的同时施加阴极保护，则可以大大提高混凝土层的防护寿命和防护效果。

3.5　涂料覆盖层技术

涂料是对涂于物体表面能形成具有保护装饰或特殊性能（如绝缘、防腐、标志等）的固态涂膜的一类液体或固体材料的总称。早期的涂料大多以植物油为主要原料，故又称油漆；现代涂料采用合成树脂来取代植物油，故称为涂料[97]。改革开放初期，我国涂料年产量为 50 万吨，世界排名第八。2009 年我国涂料总产量达 755.44 万吨，跃居世界第一，全国规模以上涂料企业完成工业总产值达 1835 亿元；2014 年我国涂料总产量达 1648.188 万吨，全国规模以上涂料企业完成工业总产值 4000 多亿元。

涂料的品种很多，最常见的分类方法有两种：一种是按主成膜物质分类，如油脂基涂料、树脂基涂料、橡胶基涂料等；一种是按专业用途分类，如建筑涂料、船用涂料、特种涂料（耐热涂料、防腐涂料、绝缘涂料）等。油脂基涂料应用历史久，但性能欠佳，故应用较少，逐渐被淘汰；树脂基涂料是当今广泛应用于各个领域的主导涂料。随着科学技术的发展，涂料覆盖层的品种越来越多，并不断发展，呈现由油脂基涂料向树脂涂料发展，由溶剂型向水溶型发展，由通用综合型向专业化型发展，由热固化型向常温固化型发展的趋势[97]。

涂料能够屏蔽水、氧气和腐蚀性离子等腐蚀介质，将钢铁与腐蚀环境隔离，从而避免或减轻腐蚀，是应用最广泛的一种腐蚀防护方法。据统计，日本涂料覆盖层的花费占整个防腐蚀花费的 62%～63%，由此可见，涂料覆盖层在防腐蚀领域占的比例很大。涂料最初在海洋钢结构浪花飞溅区应用时，采用和海洋大气区相同的涂层体系，只增加涂层厚度，但其应用效果无法令人满意。海洋钢结构浪花飞溅区腐蚀严重，需要采用具有长效防腐性能的重防腐涂料，将底漆与面漆配合使用，才能达到最佳的防护效果。目前能够应用于海洋环境的涂料主要有三大类：超厚膜型防护涂料、玻璃鳞片防护涂料、环氧树脂砂浆涂料[98]。

3.5.1　超厚膜型防护涂料

重防腐涂料（heavy-duty coating）一般是指能在比较苛刻的腐蚀环境中使用的防腐涂料，其在化工大气和海洋环境中一般可使用 10 年或 15 年以上，在酸、碱、盐等介质中，并在一定温度的腐蚀条件下，一般应该能够使用 5 年以上，使用寿命比一般防腐涂料更长。

重防腐涂料的干膜厚度一般要达到 200～300μm 以上，甚至上千微米，厚膜化是重防腐涂料的重要特性之一。如果涂料的固含量低，则需要涂装多次才能达到要求的厚度，这样不仅增加了涂刷的时间，也增加了费用。因此，世界各大油漆商都在积极开发高固体组分、无溶剂和水性涂料。超厚膜涂料是 100%固体含量的无溶剂漆，漆基大多采用环氧树脂，每年世界上约有 40%以上的环氧树脂用于制造环氧涂料，其中大部分用于防腐，也有超厚膜涂料选用聚氨酯树脂作为成膜物质。

无溶剂聚氨酯超厚膜涂料[99]具有附着力优异、机械性能好、抗化学腐蚀性好、耐磨性突出、可低温固化等优点，但其组分混合后使用时间短，限制了其使用范围。此外，目前市售的聚氨酯超厚膜涂料，游离异氰酸酯含量难以控制，如果超标，则毒性大，不符合环保要求；且聚氨酯超厚膜涂料环境对潮气敏感，施工性能和储存稳定性差，漆膜容易起泡。对此，研究人员用端环氧基聚氨酯树脂和端氨基聚氨酯树脂制备了无溶剂环氧聚氨酯超厚膜涂料，不含挥发性有机溶剂（VOC），不含游离异氰酸酯，大大降低了聚氨酯涂料的毒性；依靠环氧基和氨基固化成膜，克服了因异氰酸根与空气中水分反应生成 CO_2 而起泡的弊端，从而提高了施工方便性和储存稳定性；该涂料可一次性厚涂，提高了施工效率，但实际应用的例子较少。

美国对无溶剂环氧聚酰胺涂料进行了深入研究，美国壳牌化学公司首先研制成功，并将其应用于浪花飞溅区。它的主要成分是 EPON 树脂和聚酰胺固化剂，这种涂料具有坚韧、耐磨、耐海水和耐冲击等特点，曾在墨西哥湾、大西洋沿岸、委内瑞拉水域和波斯湾的外海采油平台上做过多年现场试验，其腐蚀防护效果良好。美国波士顿化学公司生产的 Epimastic L1050 快干无溶剂环氧聚酰胺厚浆涂料也同样具有优异的防腐效果。但此种涂料在我国尚处于研究阶段，未有应用实例报道[100]。

无溶剂环氧石油沥青重防腐蚀涂料[101]在浪花飞溅区也有一定的应用前景。它具有无溶剂、低污染、与石油沥青涂层连接良好的特点。采用加热喷涂的施工方法既方便迅速又可获得良好的涂层质量。无溶剂环氧石油沥青涂料在船舶工业上应用比较广泛。

1972 年，美国亚美隆公司率先把超厚膜涂料推向市场进行试用考核，将 Tideguard 171 涂料应用在墨西哥海湾一钻井平台腐蚀条件最严酷的脚架部位，涂层高度 5m，包括海洋潮差区 3m 及海水全浸区 2m。10 年后检查，涂料层没有裂纹、脱落、泛锈迹现象，仅是褐色表面褪色。根据其优良的使用效果，超厚膜涂料 Tideguard 171 被各大石油公司广泛用于钻井平台的甲板、钻井房、走道、直升机甲板、打桩工程、码头、防波设备及浅海的原油管的支撑钢结构上。到 1980 年，很多大涂料公司也纷纷研制及推出超厚膜无溶剂涂料，先后应用于石油化工产品等有特殊要求的储罐内壁、输送管道内壁、污水处理厂、管道和储罐外壁防腐、水利工程钢结构的防腐等工程。

在日本，超厚膜型环氧树脂涂料的研究受到广泛的关注，第一次正式运用超厚膜型环氧树脂涂料的工程是日本关西国际机场联络桥桥墩防护（图 3-9），采用了钢筋混凝土包覆+钢板包覆+超厚膜型环氧树脂涂料的防护方法，预期寿命为 100 年。1984 年，日本阿贺海北平台也采用了上述防护方法[102]。

图 3-9　涂料应用实例——关西国际机场联络桥

日本同样也很重视超厚膜涂料涂装技术的研发，1987 年完成了对超厚膜型环氧树脂涂料涂装机的研究，实现了超厚膜型环氧树脂涂料的喷雾涂装，并在日本岩船海平台和日本东京湾海平面川崎人工岛[103]的建设中运用了该项技术。喷雾涂装技术成为海洋钢构造物超厚膜型重防腐蚀防护技术的代表，得到越来越广泛的运用。

目前，国外对超厚膜无溶剂重防腐涂料的开发、应用较为广泛。例如，大日本涂料株式会社（DNT）国际油漆、亚美龙、式玛卡龙等涂料公司都有超厚膜无溶剂涂料的生产。国内对超厚膜无溶剂重防腐涂料的研究起步较晚，尤其是海洋用超厚膜无溶剂防腐涂料的研究几乎是空白。大日本涂料株式会社开展了高固分超厚膜型环氧涂料的研究，开发了 SHB 超厚膜涂料。SHB 超厚膜涂料使用环氧富锌漆作为底漆，中间漆使用超厚膜型环氧树脂涂料，为了避免涂料受紫外线照射发生老化，最后加涂具有耐候性的聚氨基甲酸乙酯、硅、氟树脂涂料作为罩面面漆。

SHB 超厚膜涂料体系中使用改性聚酰胺作固化剂，其固化过程是通过聚酰胺末端的伯、仲胺上的氢与环氧基反应，提高了涂层体系的交联密度，大大降低了 H_2O、O_2、Cl^- 等腐蚀性介质的透过速率。聚酰胺固化剂的加入不但能增加体系的柔韧性，防止体系因交联密度的增大而变硬、变脆，还可以将其中游离脂肪胺的含量大大降低，从而改善漆膜的外观和重涂性，同时提高了涂层的干燥速度，改善与液态环氧树脂的混溶性，显著提高了涂层的机械性能和防腐性能。体系中加入硅基聚合剂，硅基聚合剂的通式为 $X_3Si(CH_2)_nY$，X 是易水解的基团，Y 是选择与给定树脂发生反应的有机官能团。硅基聚合剂的 X 基团与碳钢底材的羟基（或底材表面的水层）形成氢键，然后缩聚成氧丙环键。因此在湿态条件下，增加了有机涂层对碳钢底材的黏结能力，从而大大提高了涂层的抗起泡能力，改善了涂层的耐盐雾性能。SHB 超厚膜涂料总膜厚能达到 5mm，附着力强，并具有良好的抗渗透性、抗冲击性，是一种综合性能优异的新型环保涂料。该涂料可采用无气喷涂技术进行施工，施工效率显著提高。并且，其耐阴极剥离性能好，是一种适合于与阴极保护联合使用的性能优异的涂层体系。目前，该涂料已经在管廊、储罐以及码头等钢结构上进行了应用，效果良好。

3.5.2　玻璃鳞片防护涂料

玻璃鳞片防护涂料是以无溶剂树脂为主要成膜物质，薄片状的玻璃鳞片为填料，配以各种添加剂组成的厚浆型涂料，由美国人 Flakeline 首先发明。涂料中加入玻璃鳞片可以改变涂膜的结构，玻璃鳞片很薄（厚度一般为 $2\sim5\mu m$，片径 $0.2\sim3mm$），假设涂层厚 1mm，那么就有 130 层左右的玻璃鳞片平行排列。层层叠叠的鳞片形成"迷宫"效应，水、氧和其他腐蚀性介质很难穿越涂层，因而漆膜具有优异的屏蔽性和抗渗透性以及良好的防腐蚀性能。此外，玻璃鳞片防护涂料的涂层坚韧，附着力强，与钢的黏结力高达 $105kg/cm^2$，机械强度高，防腐寿命长，并具有良好的耐阴极剥离性能，是国际上广泛使用的重防腐涂料。

早期的玻璃鳞片涂料因黏度高而在应用上有些困难，喷后须用辊滚平，使其成片层；大面积施工时，滚平操作不及时，将带来质量控制问题；另外，涂料的罐存寿命也不够理想。现在，这些问题均已克服，特别是鳞片的平行排列问题，已可用浸过苯乙烯的尼龙漆辊滚平来解决。所以，近些年来玻璃鳞片涂料已大量用于船舵、海水水箱、尾柱底骨、焊缝、甲板、储油罐、深海钻井架、采油平台及其他海洋设施。目前常用于海洋潮差区和浪花飞溅区腐蚀防护的有环氧玻璃鳞片涂料和不饱和聚酯树脂玻璃鳞片涂料。

按 NACE 标准 RP0176—2003 推荐采用添加石英玻璃鳞片或玻璃丝涂料（厚度 $1\sim5mm$）对钢铁设施在苏格兰海域浪花飞溅区的防护，应用三年后未见褪色[98]。日本引进并发展了这种涂料，开发出的玻璃鳞片涂料主要有#100N、#200N 和 #350N 三个品种。其中，#100N 涂料常用于海底管线、钢结构浮体、船舶、栈桥、采油平台及钢桩码头等；#200N 系列的标准膜厚为 $750\sim1000\mu m$，使用前，钢表面应喷砂除锈（达到 SSPC-SP-5 级），最适宜在工厂涂装，也可在现场施工或作修补。美国 Ceilcote 公司生产的玻璃鳞片煤焦油涂料，可应用于海洋平台浪花飞溅区，预计使用寿命可达 10 年。

20 世纪 80 年代中期，我国从引进的许多日本设备的涂层中开始了解和接触玻璃鳞片涂料，并且开发出相应的各种玻璃鳞片涂料、胶泥，部分取代日本的产品进行设备维修，取得了良好的效果和工程经验；华东理工大学华昌公司及兰州化工机械研究院还分别制订了《二甲苯型不饱和聚酯树脂（含玻璃鳞片涂料）防腐蚀工程技术规程》（CECS 73：1995）、《玻璃鳞片衬里施工技术条件》（HG/T 2640-2004）、《中碱玻璃鳞片》（化工部行业标准：HG/T2641-2009）等标准。经过多年的研究和应用，国产玻璃鳞片的质量及表面处理能力在玻璃鳞片的生产和研究领域已达到国际先进水平。相信今后随着玻璃鳞片涂料质量的完善和应用推广的深入，其卓越的防锈蚀性能、抗渗透性能和耐蚀性能必将得到进一步发挥。

3.5.3　环氧树脂砂浆涂料

环氧树脂砂浆涂料是指按一定配比将环氧树脂、水泥、细砂、固化剂等成分混合，待环氧树脂砂浆有一定的强度后，以 0.15～0.20MPa 压力压入水泥-水玻璃浆液或环氧树脂浆液而制备的涂料。根据不同的需要，可适当掺加稀释剂、增塑剂或其他材料。环氧树脂砂浆涂料具有以下优点：

（1）形式多样。可以根据应用环境的需要，灵活选用环氧树脂、固化剂、改性剂，因此环氧树脂砂浆涂料的黏度和熔点范围极广。

（2）固化方便。根据施工需要，可以选择各种不同的固化剂，环氧树脂体系几乎可以在 0～180℃范围内的任一温度固化。

（3）黏附力强。环氧树脂固化时的收缩性低，产生的内应力小，其分子链中固有的极性羟基和醚键的存在，使其对各种物质具有很高的黏附力。

（4）收缩性低。环氧树脂和固化剂的反应中没有水或其他挥发性副产物放出，在固化过程中显示出很低的收缩性（小于 2%），保证设备安装的精确度。

（5）力学性能好。环氧树脂固化后是一个三向网状结构，不溶不融，涂料中砂子也起到一定的强度增强作用。

（6）介电性能强。固化后的环氧树脂体系是一种具有高介电性能、耐表面漏电、耐电弧的优良绝缘材料。

（7）化学稳定性好。固化后的环氧树脂体系具有优良的耐碱性、耐酸性和耐溶剂性，具有良好的化学稳定性。

（8）尺寸稳定性。综合上述性能，使环氧树脂体系具有突出的尺寸稳定性和耐久性。抗蠕变性好，在-40～80℃冻融交替、振动受压的恶劣物理工况下长期使用而无塑性变形。

（9）耐霉菌。固化的环氧树脂体系对大多数霉菌耐受性能良好，可以在苛刻的热带条件下使用。

环氧树脂砂浆涂料的最大缺点是固化后比较脆，易开裂。填料砂子的加入有效克服了这一缺点，但砂子的加入量要适中，过多和过少都会降低其强度。加入增韧剂能有效地改善固化产物的韧性，提高整体强度和韧性。

耐潮汐 171 重型涂料（Tide guard）是美国阿梅罗（Ameron）公司研制成功的一种高效能的无溶剂环氧砂浆涂料，其耐久性相当于蒙乃尔合金，且施工方便，价格便宜。这种涂料于 20 世纪 70 年代曾成功地应用在美国和中东地区海上结构物，后被欧洲引进，在全球范围内得到广泛应用。它被认为是世界上第一种既可以应用于钢材料表面，又可以应用于干湿混凝土表面的可喷涂的水泥基复合材料。美国海湾石油公司和壳牌石油公司都曾在采油平台钢管桩和采油机管套上应用过。

SP-Guard 涂料是美国研制成功的一种适合于水下或海上现场涂覆作业需要的快干型环氧砂浆涂料，它以能与水置换的环氧树脂为主要成分，配合填料等制成。这种涂料被日本引进后，广泛应用于海洋观测塔、海上平台、钢管桩、栈桥、航标、海底管道及船底修补。此外，荷兰 Sigma 涂料公司也发明了一种无溶剂环氧砂浆冷喷涂料，能在潮湿钢表面无空气喷涂，防蚀性能良好。以上涂料在海洋浪花飞溅区都有较好的防护效果[104]。

涂料技术是目前国内腐蚀防护的主要手段之一，这是因为相对其他防腐手段来说，涂料的价格相对便宜，施工工艺简单，对于钢结构海洋大气区具有较好的腐蚀防护效果，因此应用非常广泛。但是各种涂料应用时对表面处理的要求很高，比较适用于新建结构物；并且涂料施工时，受温度和湿度的影响较大，这些都在一定程度上制约了涂料的应用[98]。另外，当涂料应用到浪花飞溅区和海洋潮差区等重腐蚀区域，潮汐、紫外线、臭氧、海洋生物、机械撞击等综合作用造成一定的孔蚀，这些孔蚀会随着时间的推移逐渐变大，进而造成涂层表面出现不同程度的鼓泡、剥蚀和剥落，发生严重的局部腐蚀。因此对于浪花飞溅区等重腐蚀区，不能单纯采用涂料技术进行防护，应与其他防护手段如阴极保护技术联用，才能达到最佳的防护效果[104]。

3.6　金属覆盖层技术

凡是把一种（或多种）金属通过一定的工艺方法牢固地附着在其他基体上，而形成几十微米乃至几毫米以上的功能覆盖层，称为金属覆盖层。随着科学技术发展，获取金属覆盖层的工艺方法层出不穷，按目前的工艺技术水平，几乎所有的金属都可以制成金属覆盖层。金属覆盖层硬度大、耐磨损、耐腐蚀、与基体结合性好，随着各种工艺方法的普及和发展，金属覆盖层被广泛应用于航空航天、化工、农机、海洋等各领域。

3.6.1　热喷涂金属覆盖层

热喷涂是一种在对钢构件表面作喷砂除锈，使其表面露出金属光泽并打毛的基础上，采用燃烧火焰、电弧等作为热源，将喷涂材料加热到塑态和熔融状态，并用压缩空气将材料呈雾化的颗粒束吹附到基体表面上，随之激冷并不断层积而形成涂层的工艺方法[105]。

金属热喷涂工业开始于 20 世纪初。1910 年，瑞士苏黎世的 Schoop 博士发明了金属喷涂方法，并研发了第一个使用金属丝形式的金属热喷涂的设备，在美国申请了一项名为"大气中金属沉积"的技术专利，由此开创了热喷涂技术的先河。热喷涂工艺的早期商业应用出现在德国，随后传入法国。Schoop 把他的专利出售给一家名为 Metallizator 的德国公司，由该公司生产热喷涂设备并在欧洲出售。1920 年以后，英国和美国也陆续开始使用这种技术。其中费城的 Metal Coatings 公司、Metalweld 公司和洛杉矶的 Metallizing 公司是应用这项技术较早的美国公司，他们在铁路油罐车、海军军舰的油箱、运煤驳船和巴拿马运河的应急闸门等构件上均使用了这种热喷涂技术。20 世纪 40 年代后，除了火焰喷涂、电弧喷涂这两种传统的热喷涂装置，又陆续出现了等离子喷涂、爆炸喷涂、超音速火焰喷涂以及冷喷涂设备和工艺。新的热喷涂技术的不断出现，使得该技术的应用领域不断拓展。

热喷涂技术对施工对象的形状、大小没有限制，也不会造成施工对象的变形、变质，工艺灵活，可以现场施工，因此具有广泛的适用性和良好的经济性，可应用于大型钢结构新建、重建或表面维修时对金属部分的修补（图 3-10）。

图 3-10　热喷涂技术现场施工

　　此外，热喷涂金属覆盖层还具有良好的腐蚀防护作用，这是因为：热喷涂涂层与钢铁基体以半熔融的冶金状态结合，结合牢固，不易脱落，该涂层可有效地屏蔽水、空气等腐蚀介质；在钢铁的表面喷涂电极电位比铁低的铝、锌等，还可起到牺牲阳极的作用；另外，涂层中金属微粒表面形成的致密氧化膜，也起到了腐蚀防护的作用[106, 107]。美国焊接学会（AWS）在 1974 年出版了一份喷涂金属层应用了 19 年的检测报告，测试结果说明大多数热喷涂涂层可以达到 12 年以上的使用寿命。最好的样板对裸露金属的保护达 100%，使用寿命达到了 19 年。

　　早在 20 世纪初期，人们就开始采用热喷涂技术对海洋钢结构进行腐蚀防护。例如，法国于 20 世纪 20 年代将热喷涂技术应用于海水闸门的腐蚀防护；英国于 20 世纪 30 年代将该技术应用于大型桥梁防护；20 世纪 40 年代美国则开始将锌覆盖层应用于海上石油平台、输油管线和舰船的腐蚀防护。

　　中国从 20 世纪 50 年代开始研究热喷涂技术，并于 1952 年把热喷涂锌应用于输电铁塔的腐蚀防护工程。1956 年的南京长江大桥、1966 年的淡水闸门以及 1998 年主跨 1377m 的香港青马公铁两用桥，都采用热喷涂技术进行防护。2001 年 12 月 15 日建成通车的武汉军山长江大桥（图 3-11），全长 4881m，是目前国内最大的公路桥梁热喷涂工程。

(a)　　　　　　　　　　　　　(b)

图 3-11　青马大桥（a）和军山长江大桥（b）

　　金属热喷涂技术在海洋工程中浪花飞溅区的应用十分有限，第一次使用热喷铝涂层对近海平台进行腐蚀防护的实例是 1982 年 Conoco 公司首次使用热喷铝涂层在英国北海的 Murchison 采油平台结构上的锥形塔上进行腐蚀防护，并采用乙烯涂料辅助封孔。2 年后检查，涂层厚度未变，性能良好，未见腐蚀。8 年后检查，立管浪花飞溅区涂层发现严重损坏。由此可见，金属热喷涂防护技术与封闭涂层联用，对处于海洋大气区的钢结构具有很好的防护效果（图 3-12），但对浪花飞溅区等重腐蚀区域的防护效果有待进一步加强。用于海洋环境的热喷涂材料主要有铝、锌、镁等[108-110]，目前应用较多的涂层体系有锌涂层、铝涂层、铝镁合金涂层和锌铝合金涂层。

图 3-12　热喷涂在海洋平台应用实例

1. 热喷涂锌覆盖层

锌是热喷涂防腐蚀施工中使用最早且最多的涂层材料。目前，热喷涂纯锌涂层是保护大气、淡水环境下服役的钢结构的首选材料[111]。喷锌涂层的组织结构是层状的，孔隙率一般为 5%。锌涂层的低空隙率是由于锌的低固化温度（419℃）允许熔融的锌粒子在冷固前有更长的时间在基体表面扩散分散。喷锌涂层属于阳极性金属覆盖层，在海水中溶解性腐蚀，生成黏滞性的腐蚀产物，附着在基体表面，保护下层的锌层，提高整个涂层的防护寿命。锌在海水全浸区的腐蚀速率约 0.05mm/a，在海洋潮差区约 0.025mm/a，随海水的流速增大，腐蚀速率增大。

喷锌涂层是应用最早的一种阴极保护涂层，并且锌金属层与基体的结合性能好，对处于大气环境的钢结构具有很好的防护效果，因此 20 世纪 60 年代以前的热喷涂防护大部分选用喷涂锌层。但是具有以下缺点：①锌涂层是一种牺牲阳极材料，因此喷锌层的腐蚀速率比喷铝涂层高，其耐蚀性与厚度成正比，要达到长效的防腐蚀目的，喷锌层要具有一定的厚度，锌的密度为 7.14g/cm^3，铝的密度为 2.7g/cm^3，在喷锌等效涂层厚度情况下，锌比铝贵一倍；②喷锌所形成的 ZnO 粉末对人体呼吸道有害；③喷锌时由于空气中 CO_2 含量不足，不能形成足够的 $ZnCO_3$ 保护膜，易于生成疏松的 $Zn(OH)_2$，从而在锌涂层表面形成许多"白锈"，致使防腐蚀性能下降；④由于工业大气、城市大气 SO_2 含量较高，雨水酸度较大，能够破坏 $ZnCO_3$ 保护膜的稳定性，使锌涂层的腐蚀速率加快。随着热喷涂技术的发展和对防腐蚀寿命更长的要求，热喷涂铝覆盖层逐渐兴起。

2. 热喷涂铝覆盖层

铝是一种活性很强的金属，很容易与氧结合，生成一层致密、坚硬的氧化保护层，有效地防止铝涂层的进一步氧化。而且在喷涂过程中，铝变成负电活性更强的活化状态，能更好地对钢铁基体起到阴极保护作用。

铝涂层钝化和腐蚀生成的 Al_2O_3 和 $Al(OH)_3$，牢固附着在涂层表面，限制了腐蚀介质的渗入。随着腐蚀产物的逐渐增多，腐蚀生成的氧化产物还能逐渐封闭涂层之间的孔隙，形成一层优良的阻挡层，延长涂层的使用寿命。而且对于铝涂层而言，其表面的钝化膜具有自愈性能，一旦涂层中的孔隙被不溶解的腐蚀产物封闭，即使表面钝化层受到磨损或机械损伤脱落，裸露出的涂层表面也会马上重新生成新的钝化膜，从而阻止下层涂层的一步腐蚀消耗。

虽然热喷铝涂层的耐蚀性能远高于喷锌涂层，但是铝覆盖层的工艺性能却不如锌覆盖层。尤其是涂层喷厚之后，其韧性和与基体之间的结合力都较差。这是因为铝涂层在腐蚀过程中容易发生缝隙腐蚀，而缝隙腐蚀使内部介质酸化，其 pH 降至 $3\sim4$，加速铝涂层的溶解，生成大量 H_2，发生鼓泡，从而导致涂层结合力降低，同时也使钢基体发生表面氢脆的可能性增大。而且，研究发现铝涂层在海水中的牺牲阳极性能也不如锌涂层，这是因为铝腐蚀水化后形成的铝盐硬壳电位较铁正，会引起钢铁基体的点蚀。20 世纪 70 年代，研究者进一步发展出锌-铝合金覆盖层，其兼备铝层的耐蚀性高和锌层与基体结合性能好并具有牺牲阳极性能的优点，引起各国的重视和发展。

3. 热喷涂锌铝合金覆盖层

根据锌铝合金覆盖层使用环境和技术要求的不同，各国研制开发的合金涂层的元素含量和制备工艺都不尽相同。例如，美国、澳大利亚主要开发热浸镀锌-铝硅合金；日本推行热喷涂锌铝合金和电镀锌锡合金覆盖层等。制备合金覆盖层的方式方法也不同，有的制成合金丝，有的配成合金粉末，也有的把锌-铝制成复合线材或把锌铝丝复合喷涂制成伪合金覆盖层。下面将对几种锌铝合金覆盖层进行简单的介绍。

在锌中加入少量的铝和微量的稀土元素可以显著提高锌的耐蚀性能，此种锌合金称为 Galfan 锌。稀土元素的存在改善了喷涂层的浸润性和涂层的结构。

20 世纪 50 年代，日本的 Kain 等[111]制备了 Al 的质量分数在 10%～90%之间变化的一系列 Zn-Al 复合粉末和 Zn-Al 合金粉末，并采用火焰喷涂技术进行喷涂。经过 34 年中等程度的海洋大气暴露试验，结果显示，高 Al 含量的 Zn-Al 合金涂层表现出优异的耐蚀性能。

Zn-Al-Mg-RE 粉芯丝材是由装甲兵工程学院装备再制造技术国防科技重点实

验室新研制出的一种应用于海洋环境中的防腐丝材。Mg 的加入弥补了腐蚀环境中 Al 的阴极保护作用弱的缺点。另外,镁的加入还能起到防止海生物附着的作用。

金属热喷涂层的缺点是涂层结构不均匀,孔隙率较大,涂层结构受喷涂方式影响较大,技术要求较高。热喷涂锌-铝合金覆盖层可用于处于海洋大气区和海水全浸区钢结构的长效腐蚀防护;但在浪花飞溅区、海洋潮差区中,热喷涂钢结构表面,短时间内就会出现皮膜损耗、白锈以及底面钢的腐蚀,并从涂层损伤部位出现膨胀、剥离的现象。综上所述,虽然热喷涂锌、铝、锌-铝合金保护海洋钢结构是一种有效且可行的腐蚀防护方案,但是由于浪花飞溅区的腐蚀最严重,如果喷涂时采用与海洋大气区和海水全浸区相同的厚度,则涂层的耐用寿命要短。在技术允许的条件下,对浪花飞溅区的钢材可采取适当增加喷涂层厚度的方法来提高其耐久性,或者在喷涂层外采用耐海洋环境腐蚀性能好的涂料进行封闭保护,才是较为合理的腐蚀防护方案。

3.6.2　冷喷涂金属覆盖层

20 世纪 80 年代中期,苏联科学院西伯利亚分院理论和应用力学研究所(SDRAS)的 Alkhimov 等在进行超音速风洞负载颗粒流对宇宙飞船侵蚀现象的观测试验时,发现示踪颗粒在速度超过一定值时发生沉积现象,从而受到启发,萌发了由固态粒子沉积涂层的想法。通常情况下,当固态粒子撞击到某种基体表面,将产生固态粒子对基体的冲蚀作用;但是当固态粒子的撞击速度超过临界值时,将会黏附到基体表面,形成涂层。基于这一现象,他们在 1990 年提出了冷喷涂概念。

冷喷涂是建立在合理利用空气动力学原理的一种新型喷涂技术。采用加热设施预热压缩气体,压缩气体通过缩放型 Laval 喷管产生超高速气流,粉末粒子沿轴向送入气流中,经气体加速后以高速撞击基体,通过产生剧烈的塑性变形而在基体表面沉积为涂层。由于粉末粒子在整个沉积过程中温度低于其熔点,故称为冷喷涂,又称冷气动力学喷涂法(CGDSM)[112]。

冷喷涂是一种完全不同于热喷涂的技术。热喷涂技术是把某种固体材料加热到熔融或半熔融状态并高速喷射到基体表面上形成具有特殊性能的膜层,膜层具有特殊的层状结构和若干微小气孔,涂层与基材的结合一般是机械方式,其结合强度较低。在很多情况下,热喷涂可以引起相变、部分元素的分解和挥发以及氧化。冷喷涂技术是相对于热喷涂技术而言,在喷涂时,喷涂粒子高速撞击基体表面,在整个过程中粒子没有熔化,保持固体状态,粒子发生纯塑性变形聚合形成涂层[113-117]。

冷喷涂技术具有以下特点:

(1)喷涂工作温度低,对喷涂粒子和基体的热影响小。喷涂粒子基本没有氧化、相变或晶粒长大,适用于温度敏感材料、氧化敏感材料和相变敏感材料。

（2）喷涂粒子沉积率高，粉末可以回收利用，可制备纳米涂层、复合涂层和非晶涂层。相比电镀、焊接和涂漆来说，冷喷涂是一种经济、环保的选择。

（3）由于冷喷涂技术是通过高速粒子经过剧烈塑性变形实现沉积，涂层组织致密，诱发的残余应力小，因此可以制备厚涂层。

（4）冷喷涂颗粒以高速撞击而产生强烈塑性变形形成涂层，孔隙率较低；涂层与基体具有较高的结合力，结合强度一般为 50MPa 左右。

（5）冷喷涂（CS）与等离子喷涂（APS）、电弧喷涂（AS）、爆炸（DG）和高速燃气（HVOF）喷涂相比，其设备相对简单。

20 世纪 90 年代中后期，在美国国家制造科学中心（NCMS）的赞助下，Papyrin 及其合作者建立了冷喷涂系统，在基础研究的基础上，于 2000 年推出第一台商用计算机控制的冷喷涂设备。同时，德国汉堡的联邦陆军大学的 Kreye 教授领导的课题组也对冷喷涂工艺的理论、模型及喷枪的设计等进行了研究；并于 2001 年与德国冷气技术气体（cold gas technology，CGT）公司共同推出商用冷喷涂系统 Kinetic3000。2006 年，CGT 公司又推出改进的 Kinetic-4000 型冷喷涂系统。该系统一方面可以实现送粉气体的预热，提高粒子的温度与变形能力，从而进一步提高涂层质量，提高生产效率；另一方面可实现冷喷涂难实现的材料（如金属陶瓷）的涂层制备。此外，美国 Inovati 公司也推出了动能金属化（kinetic metallization）系统（KM CDS 系列），也可以达到较好的效果。

目前冷喷涂可以沉积的金属有 Al、Zn、Cu、Ni、Ca、Ti、Ag、Co、Fe、Nb 等；其中高熔点金属有 Mo、Ta 等；合金有 NiCr、MCrAlY 等；高硬度金属陶瓷有 Cr_3C_2-25NiCr、WC-21Co 等；陶瓷类（氧化物）有 Al_2O_3、Cr_2O_3 等；此外，冷喷涂更易在用于恶劣环境的钢材上沉积像 Ti、Ni 及不锈钢这样的阴极金属涂层[118]。冷喷涂技术用于材料的表面涂层可以改善和提高材料的表面特性，如耐磨性、耐腐蚀性和材料的机械性能等，最终提高产品的质量。

冷喷涂技术在国外的应用已经非常广泛：美国利用冷喷涂技术制备的高纯铜涂层已被用于一级火箭发动机集束管，锌铝涂层已被应用于汽车底盘的防腐蚀；德国已将冷喷涂的涂层用于汽车尾气排气管的防护，解决了原来采用热喷涂技术所引起排气管的疲劳断裂问题，提高了其使用寿命；俄罗斯在西伯利亚钢铁厂建立了钢管内表面冷喷涂防腐涂层（A1、Zn）的自动生产线，可以处理管径在 65mm 以上、长度在 6000mm 以内的钢管。

我国冷喷涂的研究及应用还处于起步阶段，中国科学院金属研究所、西安交通大学、大连理工大学从 2000 年一直对冷喷涂技术进行研究。2000 年，中国科学院金属研究所与俄罗斯理论与应用力学研究所合作，引进了冷气动力喷涂设备。在此基础上经过攻关研究，成功完成了国内第一台可进行批量生产的冷喷涂装置（IMR-6000），中国科学院金属研究所冷喷涂实验室如图 3-13 所示。2001 年，西安交通大学成功研

制了冷喷涂试验系统（图 3-14），为系统开展冷喷涂应用研究奠定了基础。近年来，
国内其他一些大学和科研机构，如宝钢集团、哈尔滨焊接研究所、中船重工集团公司
第 725 研究所等也加强了对冷喷涂技术的研究，并取得了一定的成果。

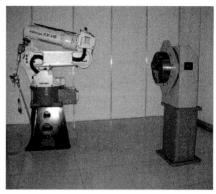

图 3-13　中国科学院金属研究所冷喷涂实验室

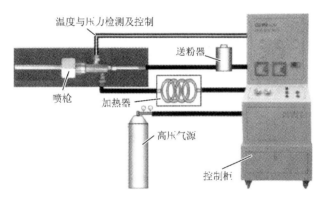

图 3-14　西安交通大学研制的冷喷涂试验系统

　　在我国，中国科学院金属研究所首先将冷喷涂技术应用于海洋钢结构设施
的长效防护涂层体系的研究，开发出满足浪花飞溅区不同钢结构设施腐蚀防护
需求的体系，并实现了工业应用。该涂层体系分为三层，每层具有不同的作
用：底层采用冷喷涂技术制备具有阴极保护作用的牺牲型金属层（喷铝/陶瓷、
锌、锌铝合金等），它的作用是由牺牲金属提供电子，保护钢结构不发生电化
学腐蚀，金属层中的陶瓷成分，在一定程度上可以起到堵孔的作用；使用纳
米聚氨酯中间层进行封孔；面层采用纳米涂料，能够挡紫外线，减少中间层
的老化，同时能起光滑和美观等作用。为了适应大型钢结构件表面喷涂的需
要，在 IMR-6000 型基础上，对送粉机构和加热系统进行了改进和集成，研发

了移动式冷喷涂装置（IMR6000-2 型），可用于现场工程使用。移动式冷喷涂
装置有三部分组成：①管状电阻式气体加热器（图 3-15），用于喷涂载气的加
热以获得较高气体速度；②转鼓式送粉器（图 3-16），用于将喷涂粉末颗粒输
送至喷枪嘴；③喷枪（图 3-17），用于产生气固双相流，使气体和喷涂粉末获
得最高速度。

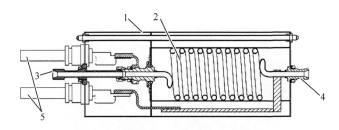

图 3-15　管状电阻式气体加热器示意图

1. 壳体；2. 合金管；3、4. 输入、输出导线；5. 电源

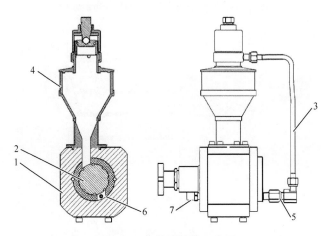

图 3-16　送粉器结构示意图

1. 箱体；2. 送粉转鼓；3. 输粉管；4. 粉罐；5. 输入管；6. 混合室；7. 输出管

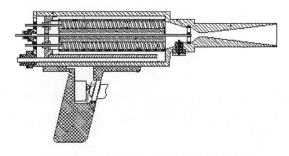

图 3-17　可移动式冷喷涂喷枪装置示意图

由于冷喷要求原料粉末尺寸在 15～50μm 范围，目前市场上合格的粉末种类有限，限制了冷喷涂技术的广泛应用。另外冷喷涂和所有热喷涂一样，为直线喷射状喷涂（不能绕射），故对遮蔽性几何结构件喷涂仍有困难。

3.7　复层包覆防腐技术

包覆防腐技术就是在被保护的钢结构表面包覆一层防腐蚀材料，从而阻止或延缓钢结构的腐蚀。包覆防腐技术又可分为有机包覆、无机包覆、矿脂包覆几大类（图 3-18）。

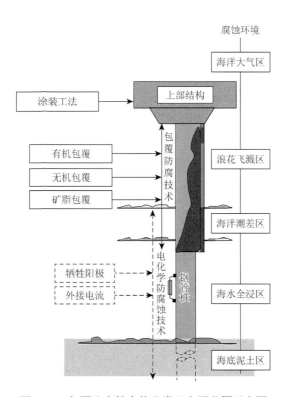

图 3-18　包覆防腐技术的分类及应用范围示意图

复层包覆防腐技术一般会应用到腐蚀最严重的浪花飞溅区及海洋潮差区，具体包覆方案主要有三种：（a）在浪花飞溅区及海洋潮差区采用包覆防腐技术，包覆范围延伸至平均低潮线下 1m，在平均潮位线以下至海底泥土区采用阴极保护技术；（b）在浪花飞溅区、海洋潮差区、海水全浸区采用包覆防腐技术，包覆范围延伸至海泥面以下，在平均低潮线以下至海底泥土区采用阴极保护技术；（c）在浪花飞溅区、海洋潮差区、海水全浸区采用包覆防腐技术，包覆范围延伸至海泥面以下 1m，对海泥区的余下部分采用裕量保护（图 3-19）。

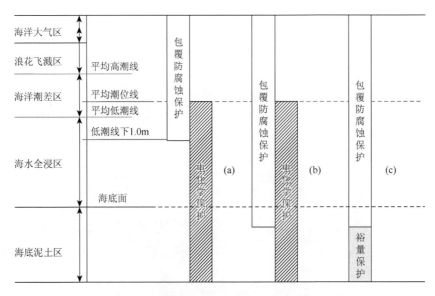

图 3-19　复层包覆防腐技术的保护区域及防护方案

3.7.1　有机包覆技术

　　有机包覆技术是指将聚乙烯、氨基甲酸乙酯弹性体、环氧树脂等有机包覆材料，包覆在钢材表面以达到防腐蚀目的的防腐蚀施工方法。有机包覆材料的膜厚比涂层厚度大，防腐蚀性、耐冲击性能优异。

1. 聚乙烯包覆技术

　　包覆聚乙烯材料的应用历史悠久，1958 年美国首先将聚乙烯材料应用于埋地管线的防腐蚀包覆中，并将聚乙烯包覆材料进行工业化生产。后来，加拿大、德国、日本等国都相继开始使用该材料。

　　聚乙烯材料的优点在于，具有良好的化学稳定性，且具有绝缘性能，能够应用于腐蚀恶劣的环境中，并且聚乙烯树脂适合工业化的大批量生产；特别是在解决了聚乙烯受热、受紫外线照射后易老化、受环境应力易龟裂等问题后，很快便得到了大规模的应用。

　　起初，聚乙烯包覆钢管仅限于在温暖地域使用，1976 年，日本率先由新日本株式会社研发出利用无水马来酸改性聚乙烯作为黏结剂的极寒冷地域使用的聚乙烯包覆钢管，研发出搓丝板挤压包覆法。至此，聚乙烯包覆钢管的使用温度范围扩展为-60～80℃，被正式运用到海底管线的防腐蚀施工中。新日本株式会社在此基础上将苯酚类及硫化类化合物添加到聚乙烯中，解决了聚乙烯材料在海洋潮差区和浪花飞溅区的紫外线老化问题，将聚乙烯包覆材料的适用范围扩大到栈桥桩等海洋构造物上；1983 年研发出可用于海洋钢构造物的聚乙烯包覆钢管桩。这些包覆材料使得适用范围扩大为钢管桩、钢管板式桩、钢板式桩（图 3-20），该技术至今仍在日本沿用。长期暴露试验已经证明，聚乙烯包覆材料具备 20 年以上的耐久性能，可以为钢结构提供长效的防护。

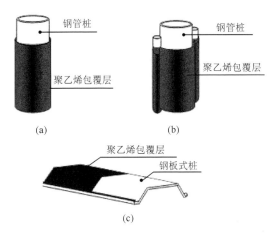

图 3-20　采用聚乙烯包覆的钢管桩（a）、钢管板式（b）、钢板式桩（c）

2. 水中固化树脂包覆技术

水中固化树脂包覆技术是将可以在水中施工的环氧树脂类包覆材料（水中固化型包覆材料）以最大膜厚 10mm 左右的厚度，涂覆在钢材表面的方法。为了提高包覆层的附着力，有时在钢材表面用点焊方式安装金属网（图 3-21）。

处于海洋环境中的浪花飞溅区和海洋潮差区，由于海水和飞溅浪花对钢管桩的不断润湿作用，钢材表面始终保持湿润状态，一般干燥场所使用的涂料很难在此进行施工。由于上述原因，对于浸泡在海水及淡水中的构造物或防腐蚀层损伤部位，就需要黏着性好、可以短时间在水中固化的材料进行防护修复。基于这种需要，水中固化包覆材料的原型——水中固化型环氧树脂

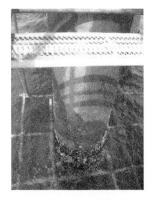

图 3-21　水中固化树脂包覆技术在日本的应用

涂料最先由美国的化学厂研发成功。

1970年，日本建设省和本州四国联络桥公团及涂料厂家共同研究合作，利用明石海峡的田之代海面上设置的海上观测台，实施了水中固化树脂包覆技术的暴露试验。1973年，又利用淡路岛岩屋海上的本州四国联络工团的暴露台主体实施了试验涂装，开始了正式的试验应用。在日本水中固化树脂包覆技术已经在海洋潮差区和海水全浸区的海洋钢构造物、栈桥、桥墩、港湾设施、水库、闸门等众多的设施施工中均被应用。

3. 环氧树脂类包覆技术

环氧树脂类胶砂包覆技术是指利用超厚膜型的环氧树脂类胶砂包覆钢材，以达到防腐蚀目的的施工方法。本施工方法分为型模浇注施工方法和喷射施工方法两种。型模浇注施工方法适用于膜厚5mm以上情况下使用，喷射施工方法适用于膜厚在3mm以下情况下使用。型模浇注施工方法施工时，首先对钢材表面处理（ISO St2标准以上），之后涂敷环氧树脂类底漆，再安装FRP材质型模。环氧树脂胶砂通过型模底部侧面附带的注入口挤压进型模，约24h后硬化，确认硬化后将型模去除（图3-22）。本施工方法优点在于环氧树脂类胶砂与钢材表面的密合性良好，涂膜的抗外力性能也非常高，可以获得良好的耐久性能。

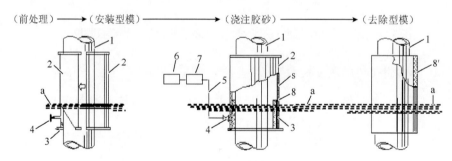

（前处理）——→（安装型模）——————→（浇注胶砂）————→（去除型模）

图 3-22　环氧树脂类胶砂型模浇注施工方法

1. 钢桩；2. 型模；3. 底部密封材料；4. 注入口；5. 管子；6. 储藏罐；7. 水泵；8. 环氧胶砂（液态）；8'. 环氧胶砂（硬化）；a. 海水面；s. 海水

4. 氨基甲酸乙酯树脂包覆技术

氨基甲酸乙酯树脂包覆技术是在钢结构表面涂覆富有伸缩性和弹性的氨基甲酸乙酯类树脂，及添加防腐蚀添加剂的吸水性高分子材料，其上再使用纤维强化塑料（FRP）或纤维强化聚丙烯（FRPP）等具有耐久性能的高强度保护罩进行防护的防腐蚀技术。氨基甲酸乙酯树脂本身具有良好的柔软性、伸缩性，可以修复钢管桩表面凹凸不平；外部保护罩也可以减轻波浪及漂流物对防腐蚀包覆层的冲击。

3.7.2　无机包覆技术

无机包覆技术是指运用水泥砂浆、混凝土或金属等无机类材料对钢结构进行包覆防腐蚀的技术。无机包覆施工方法粗略分为砂浆包覆技术、金属包覆技术、电沉积包覆技术三大类（图 3-23）。

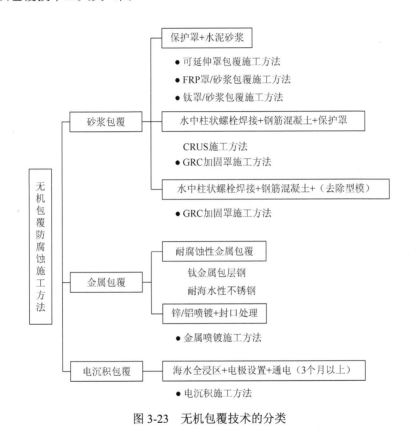

图 3-23　无机包覆技术的分类

1. CRUS 技术

CRUS 技术是砂浆包覆技术的一种，其全称是"运用水中柱状螺栓焊接技术的新型钢筋混凝土加固修复施工"。CRUS 技术是针对因集中腐蚀已经形成腐蚀孔或局部腐蚀严重的钢管桩及钢板式桩的修复施工技术。具体方法是利用水中焊接技术在钢管桩上焊接很多柱状螺栓定缝钉，之后利用模型在钢管桩周围灌注混凝土，混凝土固化后，拆除模型，使钢管桩与钢筋混凝土相互结合，从而恢复断面强度（图 3-24）。

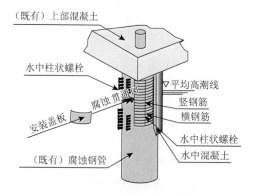

图 3-24　CRUS 技术示意图

　　CRUS 技术由日本于 1983 年作为海洋钢构造物的加固、防腐技术被研发出来的。应用在横滨港码头钢管桩退潮面下方位置，作为对腐蚀严重的钢桩的加固、防腐蚀措施（图 3-25）。

(a)　　　　　　　　　　　　(b)

图 3-25　日本横滨应用 CRUS 技术修复的钢桩

（a）螺栓钢筋加固；（b）灌注混凝土之后

2. 钛罩砂浆包覆技术

　　钛罩砂浆包覆技术也是一种砂浆包覆技术，采用钛作为模具，安装在钢结构周围，在钛罩内灌注砂浆，并保留钛罩模型作为防护外罩。采用钛作为防护外罩可以很好地解决耐久性问题。施工时要在钛保护罩底部安装一个 U 形天然橡胶材料，从而保证钛保护罩底部和钢管桩绝缘。钛罩砂浆包覆技术示意图见图 3-26。

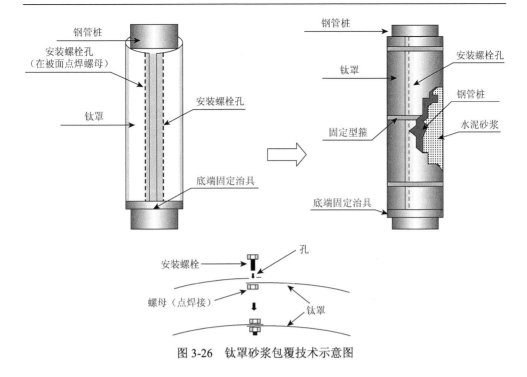

图 3-26　钛罩砂浆包覆技术示意图

　　钛罩砂浆包覆技术在日本应用于北海道占小牧地区的装卸栈桥上（图 3-27）。钛罩砂浆包覆技术是一种既具有耐腐蚀性又具有耐久性的包覆技术。不仅可以应用在普通的海洋设施中，还可以应用在因为限制明火不能采用有机类防腐蚀材料的石油、煤气相关装卸设施上，兼具美观性和实用性。

3. 耐海水不锈钢包覆技术

　　耐海水不锈钢包覆技术是用耐海水腐蚀的不锈钢罩板将钢结构包覆，再通过焊接罩板，将钢结构与腐蚀环境阻隔开来的一种防腐技术。耐海水不锈钢包覆钢桩可以在工厂内预制成型（图 3-28），大大提高了施工质量与进度。耐海水不锈钢包覆材料具有良好的耐腐蚀性、耐冲击性及疲劳特性，出现损伤的概率很小；即使出现损坏，也可很快进行焊接修复。

　　近年来，随着对防护技术耐久性要求的不断提高，包覆耐海水不锈钢材料在日本得到广泛的应用，其中日本羽田机场 D 滑行跑道工程就是最典型的应用代表。该工程的设计寿命为 100 年，为了达到使用寿命期内成本最低的目的，其在腐蚀防护设计方面采用了很多先进的设计，下面对该工程进行简单介绍。

　　日本羽田机场再扩建工程中，在多摩川一侧长约 1100m 范围内，新建了第 4 条 D 滑行跑道。由于新建跑道在多摩川河口区域内，为了保证通水性，以及维持使用中羽田机场的运行条件和缩短海上施工期的需要，采取了栈桥式构造。栈桥上部为钢

图 3-27　钛罩砂浆包覆技术应用实例　　　图 3-28　工厂中预制成型的耐海水不锈钢包
　　　　　　　　　　　　　　　　　　　　　　　覆钢桩

桁梁结构，钢桁梁构架下部结构及基础桩采用套管式结构，套管结构下部采用混凝土支撑。套管式钢桩上部的钢桁梁结构位于浪花飞溅区和海洋潮差区的部位均被宽大的底板覆盖，飞溅上的盐分（海盐粒子）不能被雨水冲刷掉，所处的腐蚀环境十分严峻，并且所处位置位于海上，防腐蚀修复工作难度很大。为了保证该工程能够达到 100 年的使用寿命，对整个栈桥结构采取了耐久性最佳的防腐蚀设计（图 3-29）。

图 3-29　羽田机场 D 滑行跑道腐蚀防护设计

　　钢桁梁部位采用钛罩板覆盖，以阻断风雨以及飞溅盐分的侵蚀；钢桁梁内部采取改性环氧涂料涂装，并设置除湿器、换气扇以及送气管道等除湿系统，将桁梁内空气相对湿度控制在 50% 以下，以达到防止涂料老化的目的。通过增加除湿系统这一措施，减少了 160 万 m² 的涂装工程二次涂装的可能，节约了成本。

　　位于浪花飞溅区、海洋潮差区及海洋大气区的套管支架部位，采用耐海水不锈钢包覆。使用的耐海水不锈钢是奥氏体耐海水不锈钢 SUS312L，也就是人们通常说的"超级不锈钢"（高 Co-高 Ni-高 Mo-高 N）。"超级不锈钢"较一般的奥氏体不锈钢（SUS304、SUS316L）铬和钼的含量高，因此具有更好的耐孔蚀性及耐缝隙腐蚀性。SUS312L 不锈钢保护罩厚 0.4mm，采用先进的焊缝焊接技术（图 3-30），不仅能提高焊接质量，还大大提高了焊接效率。

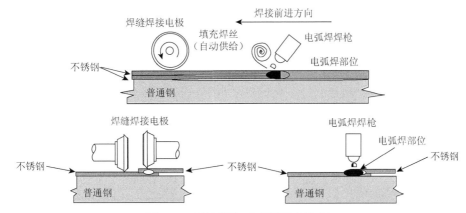

图 3-30　焊缝焊接+电弧焊接概念图

　　在栈桥位于海水全浸区及海底泥土区的部位，则采用成熟的且易于维护管理的 Al-Zn-In 牺牲阳极进行腐蚀防护。

　　日本羽田机场 D 滑行跑道（图 3-31）腐蚀防护施工面积统计如表 3-3 所示，通过上述腐蚀防护方法的应用，使整个跑道的维护管理费用降至最低，同时也实现了降低使用寿命期内成本的目标，是目前世界上先进腐蚀防护工程，值得借鉴。

图 3-31　日本羽田机场 D 滑行跑道工程

表 3-3　日本羽田机场 D 滑行跑道腐蚀防护施工面积统计

项目	防腐蚀措施	防护施工面积/m²
钢桩	重防腐蚀涂装（C4）	58 000
	耐海水性不锈钢包覆	114 000
	阴极保护	1 049 000
钢桁	内侧涂装（D4）	1 633 000
	钛罩板	570 000
合计		3 300 000

3.7.3　复层矿脂包覆防腐技术

复层矿脂包覆技术是指在钢结构表面首先涂覆具有良好黏着性、非水溶性、防水性、不挥发性、电绝缘性等矿脂材料，再在外部包覆防护外罩的防腐技术。复层矿脂包覆施工步骤为：首先对钢材表面进行除锈等表面处理（ISO St2 以上），之后涂敷矿脂类底漆或者膏状物，然后包裹矿脂类缠带，根据保护罩的材质，在保护罩内侧粘贴泡沫聚乙烯层作为缓冲材料，最后在上面覆盖防腐蚀保护罩。

复层矿脂包覆防护技术既可以在新建结构物上施工，也可以对在役构造物进行修复，只要将结构物上的浮锈和附着的海生物清除掉，就可以获得良好的施工性能，一般不需要进行后期养护。此外，复层矿脂包覆防护技术还能够应用于大气以及埋地管道、法兰的腐蚀防护。

利用复层矿脂包覆作为防腐蚀层的防腐蚀方法历史悠久，在国外很久之前就开始对陆地上配管及地下埋设管使用该方法。英国 Winn & Coales（International）Group 公司，是世界上最早开发商用复层矿脂包覆材料的公司之一。1925 年，该公司发明 Denso 矿脂防腐蚀系统，于 1929 年起开始商用生产，并大量应用于埋地及大气中钢结构的保护，1937 年在英国露天的燃气管道穿过克郡英国号铁路源线的第一次施工中应用了 Denso 矿脂防腐技术，几十年后的检查发现，原来底漆的氧化物仍然状态良好；1950 年，在英国 "Teeside" 的一条 8km 长的输水管上第一次使用 Denso 矿脂带，多年后维修时，拆除破坏了的矿脂带后发现法兰连接器上面原来的涂料和商标还清楚可见；美国休斯敦 American General Building 的冷却塔，由于运行环境中有水、氯和腐蚀性的化学物质存在，原来的防护涂层用了三年后就出现腐蚀，1977 年使用 Denso 矿脂带进行维修，时至今日防护层状态良好；1977 年 5 月美国海军码头浪花飞溅区用 Densyl Tape 矿脂带进行防护，使用 10 年后检查，管道的表面状态依然优良。

日本在 20 世纪 60 年代使用矿脂包覆技术，并进一步改良完善，到 70 年代后期，日本中防防腐公司（NAKABOHTEC）研究成功一种适用于码头、栈桥及其他海洋钢结构浪花飞溅区和海洋潮差区长期耐久的防腐方法——PTC 技术，经过 649 天试验，证明保护效率可高达 99.0%～99.8%。1984 年开始，在日本波崎进行外海暴露试验，并正式开始将复层矿脂包覆防护技术在海洋钢结构上应用。

在几十年来的工程实践中，这种防腐方法得到不断的改进和完善，已经被公认为海洋钢结构浪花飞溅区最佳的防腐蚀方法，在美国、英国、日本等发达国家广泛应用。在我国，复层矿脂包覆防腐技术还处于试验应用阶段。中国科学院海洋研究所与日本合作通过改良创新，研发了具有自主知识产权的复层矿脂包覆防腐技术，并获得了国家发明专利，对于海洋钢结构浪花飞溅区具有很好的防护效果。

第4章　浪花飞溅区复层矿脂包覆防腐技术

如前所述，海洋钢结构物的浪花飞溅区处于最苛刻的腐蚀条件下，所以其防腐蚀问题需要引起人们的特别重视。海洋钢结构物设计寿命一般至少要求耐用20～30年，海湾大桥等甚至要求达到百年的设计寿命，暴露在浪花飞溅区的钢结构物必须采取有效的腐蚀防护措施才能经得起海洋环境的侵蚀。

海洋钢结构浪花飞溅区的腐蚀防护问题已得到广泛的关注，日本、荷兰、美国等沿海工业化国家，都十分重视其腐蚀防护工作，尤其是对跨海大桥基础桩柱、港口码头钢桩以及海上石油平台导管架等结构的浪花飞溅区的腐蚀防护技术，已经进行了较为深入的研究。目前公认最有效的浪花飞溅区防腐蚀方法就是复层矿脂包覆防腐技术。与其他腐蚀防护技术相比较，复层矿脂包覆防腐技术具有良好的抗腐蚀性、持久的抗疲劳强度和冲击强度、可水下施工作业等优势，可为暴露在海洋潮差区和浪花飞溅区的钢结构提供更长时间的保护。

4.1　浪花飞溅区复层矿脂包覆防腐技术简介

为延长海洋钢结构物的使用寿命，减少腐蚀损失，必须对海洋钢结构浪花飞溅区采取有效的防腐措施。当前，国内对解决海洋钢结构物的大气区域和水下部位的腐蚀问题已获得较大进展，在海洋大气区一般采用涂层进行防护，在海水全浸区和海洋泥土区采用涂层与阴极保护技术联合进行防护，可以取得较好的保护效果。但对浪花飞溅区这个关键部位的腐蚀问题，尚未有成熟、经济、长效的防护方法。特别对在役钢结构物，其浪花飞溅区部位腐蚀后，修复和防护尤其困难。

本书第3章中介绍了针对海洋钢结构浪花飞溅区的腐蚀防护措施，其中增加腐蚀裕量的方法会造成钢材的浪费，并且局部的孔蚀问题等存在着很多安全隐患；耐海水腐蚀低合金钢虽然较一般的碳钢耐腐蚀性能好，但是仍需要采取相应的防护措施，并且也仅适用于新建构筑物；在浪花飞溅区采用电化学保护技术目前只停留在理论上，普通的阴极保护由于不能形成电流回路，在这个部位也不能发挥有效的保护作用；采用混凝土包覆技术时，当混凝土表面出现裂缝，海水等腐蚀介质渗入混凝土，先引起钢桩表面钝化膜的破坏，进而将导致钢桩腐蚀；无机、有机涂层保护是经济、有效的方法，但是涂层防护对表面处理要求高，并且通常使用的涂层难以满足长期抗冲击的要求，涂层在海水冲击下容易发生鼓泡和剥落，进而引发严重的局部腐蚀；金属喷涂具有较好的防腐蚀效果，但现场施工较困难，特别是对结构复杂的部位施工尤其困难，也需要与其他防护措施联用；包覆蒙乃尔合金、钛合金、耐海水不锈钢护套的方法，耐腐蚀效果好，但其材料价格昂贵，因而全面推广应用仍受到一定限制。综上所述，亟需一种经济有效、施工简便的腐蚀防护方法，以保证海洋钢结构物浪花飞溅区的长期安全服役。

中国科学院海洋研究所与日本中防防腐公司（NAKABOHTEC）合作研究开发了复层矿脂包覆防腐技术，对其中核心部分矿脂防蚀膏、矿脂防蚀带以及防蚀保护罩等进行研究，共同申请了发明专利，并于 2009 年获得了国家专利局的授权，已经形成了具有自主知识产权的、完全国产化的技术，大大降低了生产成本，为该项技术的推广应用创造了有利的条件，该技术已成功用于我国港口码头和海洋石油平台钢桩浪花飞溅区腐蚀防护工程。

对于海洋环境下的钢结构物，在海洋大气区使用涂层技术进行保护，在海水全浸区和海底泥土区部分则采用阴极保护技术，而在腐蚀最严重的浪花飞溅区和海洋潮差区部分则采用复层矿脂包覆防腐技术（图 4-1），就可以形成一个完整的海洋钢铁结构物（处于不同腐蚀区带）腐蚀防护体系。

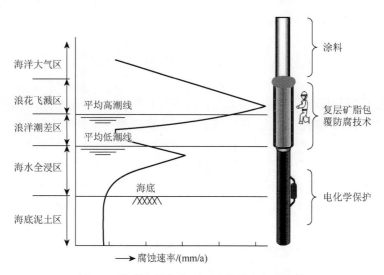

图 4-1　海洋钢结构在不同区带的防腐蚀措施

复层矿脂包覆防腐技术由四层紧密相连的保护层组成，即矿脂防蚀膏、矿脂防蚀带、密封缓冲层和防蚀保护罩（图 4-2）。其中，防蚀保护罩分为规则防蚀保护罩和不规则防蚀保护罩，规则防蚀保护罩还包括密封缓冲层、法兰、螺栓、挡板和支撑卡箍等配套组件，如图 4-3 所示。规则防蚀保护罩端部应采用封闭胶泥进行密封处理。

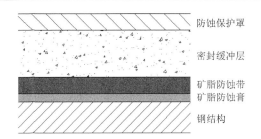

图 4-2　复层矿脂包覆防腐技术结构示意图

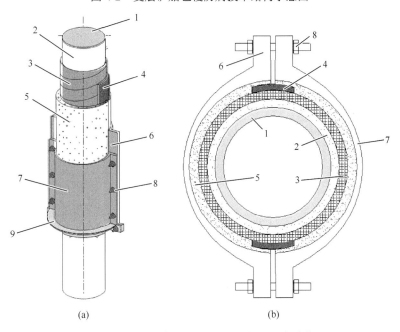

(a)　　　　　　　　　　　(b)

图 4-3　规则防蚀保护罩复层矿脂包覆防腐结构图

（a）包覆技术示意图；（b）包覆技术断面图
1. 钢铁基体；2. 矿脂防蚀膏；3. 矿脂防蚀带；4. 挡板；5. 密封缓冲层；6. 法兰；
7. 防蚀保护罩；8. 螺栓；9. 支撑卡箍；

　　其中矿脂防蚀膏、矿脂防蚀带是复层矿脂包覆防腐技术的核心部分，含有优良的缓蚀成分，能够有效地阻止腐蚀性介质对钢结构的侵蚀，并可带水施工。密封缓冲层和防蚀保护罩具有良好的耐冲击性能，不但能隔绝海水，还能抵御机械损伤对钢结构的破坏。

　　此外，复层矿脂包覆防腐技术的施工工艺也至关重要。尤其是在安装防蚀保护罩时，必须反复用螺栓紧固，避免带层与护套之间空隙；同时，防蚀保护罩的两端要采用水中固化树脂进行密封，这样才能最有效地阻止海水的入侵，对被保护的钢结构起到最佳的防护效果。此外，还要在防蚀保护罩的下端安装卡箍，以防止上述系统下滑剥落。

复层矿脂包覆防腐技术作为浪花飞溅区钢铁设施保护的方法，在国外已经有成功应用 30 年以上的例证，具有长效经济的防腐蚀效果，对暴露于海洋浪花飞溅区部位的钢铁设施具有广泛的适应性，并且具有良好的保护效果。不仅可以用于新建钢铁设施的腐蚀防护，更重要的是适用于现役钢铁设施的腐蚀修复，由于其对表面处理要求低，可带水作业，施工简单，具有显著的优势。

4.2　复层矿脂包覆防腐技术的优势

复层矿脂包覆防腐技术应用于钢结构的浪花飞溅区具有以下技术优势：

（1）优良的黏着性能。矿脂防蚀膏和矿脂防蚀带中添加有性能优良的缓蚀剂、复合稠化剂等，正由于此原因，它们能够强有力地黏附在钢铁表面，隔离腐蚀性介质，对海水中的钢铁起到优良的、长效的保护作用（表 4-1）。

表 4-1　复层矿脂包覆防腐技术保护试验结果（试验周期：1168 天，日本数据）

环境	潮位线/m	未保护试片 腐蚀速率/(mm/a)	保护试片 腐蚀速率/(mm/a)	保护率/%
浪花飞溅区	+3.55	0.3683	0.0004	99.9
	+2.95	0.3633	0.0001	99.9
海洋潮差区	+1.70	0.2100	0.0001	99.9
	+1.10	0.0350	0.0003	99.1

（2）表面处理的要求低。矿脂防蚀膏中的复合防锈剂含锈转化剂，可以直接与铁锈反应，把厚度在 80μm 以下的铁锈层转化成稳定的化合物，使铁锈转化为无害的且具有一定附着力的坚硬外壳，形成保护性封闭层，防止钢铁氧化锈蚀，起到除锈、防锈双重作用。锈转化剂的使用，可以降低施工前表面处理的要求，节约人力、物力，降低成本。

（3）可以带水施工。复合防锈剂含有不对称结构的表面活性物质，其分子极性比水分子极性更强，与金属的亲和力比水更大，可以将金属表面的水膜置换掉。复合防锈剂分子以极性基团朝里，非极性基团朝外的逆型胶束状态溶存于功能性基料中。吸附和捕集腐蚀性物质，并将其封存于胶束中，使之不与金属接触，从而起到防腐蚀作用。

（4）施工工艺简单。矿脂防蚀膏涂敷和矿脂防蚀带的施工，不需要固化等待，可连续施工，加快施工速度，节省施工时间，综合防腐费用较低。

（5）防蚀膏和防蚀带结合为有机的整体。矿脂防蚀膏和矿脂防蚀带含有相同类型的防锈成分，相互之间有着共同的化学性质，可以有机地黏结在一起而变为一体；尽管腐蚀钢材表面凹凸不平，但矿脂防蚀膏能够全面覆盖在钢材表面并完全吻合，同时致密性好。

（6）安装冲击缓冲层。防蚀保护罩内表面采用密封缓冲层进行包覆，即使被包覆的钢结构受到船舶、漂浮物等外力的撞击时，也能吸收部分能量，从而能够减弱甚至防止被包覆的钢结构受到冲击和破坏。密封缓冲层具有很好的弹性，即使被包覆的钢结构与防蚀保护罩在制造上有些误差，也可以通过压缩密封缓冲层来进行结构调整。

（7）防蚀保护罩的性能优良。防蚀保护罩强度大，耐冲击能力强，具有良好的抗热胀冷缩，耐酸、耐碱性能，耐高温性能，能够抵抗海边昼夜温差大、空气湿度大、盐分大的恶劣腐蚀环境。

（8）防蚀保护罩的制备工艺灵活。对于形状规则的钢结构，防蚀保护罩材料可以在工厂中预制成型；对于形状不规则的钢结构物，则可以根据被保护的基材形状，在现场加工成型；防蚀保护罩与基材结合紧密，可以应用于形状规则和不规则的钢结构物。

（9）防止海生物污损。防蚀保护罩和钢材之间没有空隙，可以有效地阻止海生物在被保护钢结构上繁殖，达到防止海生物污损的目的。

（10）质量轻。整个复层矿脂包覆防腐蚀系统质量轻，对钢结构物基本不增加额外的载荷力，不影响整体结构的承载能力。

（11）无污染，绿色环保。

目前，国内外关于海洋浪花飞溅区和水下工程构件的防腐蚀方法的工程应用来看，主要以防腐涂层和阴极保护为主，下面将复层矿脂包覆防护技术与以上两项腐蚀防护方法进行比较，看看复层矿脂包覆防护技术的价格优势。

对于海洋钢结构来说，海洋大气区使用涂料防腐蚀是一种可行的防护方法，而且价格比较便宜。但对于浪花飞溅区使用涂料防护，由于其表面处理要求高，不耐冲击，防护时间较短，尽管前期费用较低，但长期成本还是较高的。而复层矿脂包覆防护技术尽管前期投入较大，但由于其具有良好的耐久性，长期使用还是比较经济的。从图 4-4 可以看出，在使用 5～10 年左右，涂料和复层

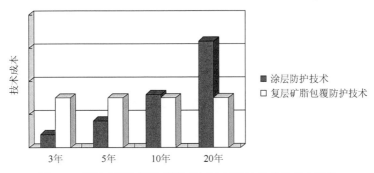

图 4-4　复层矿脂包覆防腐技术与涂层保护技术的成本对比

矿脂包覆防腐技术的费用是相当的，在使用 10 年以后，涂层防护的成本远远大于复层矿脂包覆防腐技术。

阴极保护技术和涂层联合使用，可以使水下金属结构物获得最经济和最有效的保护。但是，阴极保护技术只有在海水浸没率达到 91% 以上，才能起到有效的防护措施。在海洋潮差区，阴极保护技术只有当潮涨后才可对浸入海水中的部分钢桩发挥作用，当潮退以后，则不会发生作用，有效防护时间非常短；对于钢桩的浪花飞溅区，海水飞溅到钢结构表面，不能形成连续的回路，因此阴极保护基本不会发生作用，不能起到防腐效果。不论是从防护效果还是维修成本来看，在钢结构浪花飞溅区应用时复层矿脂包覆防腐技术都优于阴极保护技术。

防腐缠带技术最初是应用于埋地管道的腐蚀防护，一般由底漆、缠带、加强外套等三部分组成，各个部件很好地固定在一起，才能充分发挥防腐作用。如果将防腐缠带防护系统直接应用于海洋钢结构，由于其不具备良好的耐抗冲击性，不能抵抗海浪等的高频率冲击，不能达到良好的防护效果。因此，在防腐缠带防护技术的基础上，逐渐开发出复层矿脂包覆防腐技术。复层矿脂包覆防腐技术是一个完整的产品，与普通的防腐缠带产品相比，该技术将矿脂防蚀膏、矿脂防蚀带、密封缓冲层和防蚀保护罩四个部分有机地结合在一起，并用专用工具和螺栓将边缘法兰闭合在一起，密封性能好，操作稳定性高，施工方便，防腐蚀寿命可达 30 年以上，维护管理成本低。

综合比较来看，复层矿脂包覆防腐技术是针对海洋钢结构浪花飞溅区最经济、最有效的防护技术。另外，复层矿脂包覆防腐技术能充分解决其他防腐方法不能带水作业的难题对于在役的钢结构工程设施，在其他防腐方法失效后，在对表面进行简单处理后，就可快速方便地带水安装，这也是目前防腐工程业界最可行的维护方案。

据调查，一般的海洋平台的设计寿命要 30 年以上，跨海大桥要在 100 年以上，而目前针对浪花飞溅区所采用的防腐方法，其防腐寿命一般在 3～5 年左右，远远满足不了其设计寿命要求。海洋钢结构浪花飞溅区复层矿脂包覆防腐技术具有 30 年以上的长效防护效果，在国外已有超过 30 年的应用案例。综上所述，复层矿脂包覆防腐技术是一种应用在海洋钢结构浪花飞溅区的高端防腐产品，虽然短期使用时比其他防腐产品成本要高，但是综合其长期防腐效果和维护成本来说，其综合防腐费用反而更低。

4.3　矿脂防蚀膏

4.3.1　矿脂防蚀膏的组成

矿脂防蚀膏是复层矿脂包覆防腐技术中核心组成部分，也是位于复层矿脂包覆防腐技术最内层的部分，与钢结构表面紧密接触。它是一种在功能性基料中添加能起稠化作用的稠化剂、复合防锈剂和其他辅助添加剂而形成的高黏度膏状材料，能很好地黏附在需要保护的钢结构表面。矿脂防蚀膏含有多种防锈成分，在潮湿的环境中具有很好的防腐蚀性能，能够长期、高效、稳定地使钢构筑物在海洋等严酷的腐蚀环境中免遭腐蚀。

1. 功能性基料

功能性基料是矿脂防蚀膏的载体，功能性基料的类型和性质决定了矿脂防蚀膏的耐高温以及黏度等性能。具有良好耐温性能、高黏度的矿脂防蚀膏，与被保护结构物的结合力才能更好，不会因为高温或挤压而从结合部位流出，才能给被保护物提供更好的防腐蚀效果；但是黏度过大时，又不利于现场施工，因此正确地选择功能性基料是非常重要的。

功能性基料主要起到了以下作用：

（1）载体作用：使各种功能性添加剂在基料中能充分分散和发挥作用。

（2）油效应作用：即在复合防锈剂吸附少的地方进行物理吸附，并深入定向吸附的分子之间，与复合防锈剂分子共同堵塞孔隙，使吸附膜更加完整和紧密。

2. 复合防锈剂

金属表面是具有多个活性中心的高能晶体结构，极易在水、氧的存在下发生电化学腐蚀，而矿脂防蚀膏中的复合防锈剂是具有极性基团和较长碳氢链的有机化合物，其极性基团依靠库仑力或化学键的作用能定向吸附在金属界面，形成保护膜，抵抗氧、水等腐蚀性介质向金属表面侵入，从而大大降低锈蚀概率与速率。

复合防锈剂的种类很多，为了增加缓蚀、防锈等作用，往往是几种防锈剂混合配伍使用。复合防锈剂是具有不对称结构的表面活性物质，当其分子极性比水分子极性更强，与金属的亲和力比水更大时，便可以将金属表面的水膜置换掉，从而减缓金属的腐蚀速率；当复合防锈剂的浓度高于临界胶束浓度时，复合防锈剂分子就会以极性基团朝里、非极性基团朝外的逆型胶束状态溶于基础油中，吸附和捕集腐蚀性物质，并将其封存于胶束之中，使之不与金属接触，从而起到防腐蚀作用。

按复合防锈剂的极性基团划分，大致可分为磺酸盐及其他含硫化合物、羧酸及其金属皂类、脂类、胺类及其他含氮化合物、磷酸酯及其他含磷化合物五类。

磺酸盐有石油磺酸盐和合成磺酸盐两种。磺酸盐类缓蚀剂具有优良的抗盐雾性和热稳定性，有较好的水膜置换性，适用于多种金属。石油磺酸盐作为防锈剂使用的多是中性磺酸盐，常用的有石油磺酸钡、石油磺酸钙、石油磺酸钠。同一类型的磺酸盐，钡盐较钙盐的防锈性稍好，钠盐较差；随着侧链增多、相对分子质量的增加，防锈性有所提高，但增加量过大时，防锈性反而下降。石油磺酸盐的缓蚀性能在很大程度上取决于石油原油的馏分和组成，后来，又逐渐发展出人工合成的磺酸盐。常用的人工合成磺酸盐有二壬基萘磺酸钡和重烷基苯磺酸钡。前者油溶性优，有一定的抗盐雾性、盐水浸渍性能；后者有较好的油溶性、防锈性和抗盐雾能力。

羧酸缓蚀剂除了具有缓蚀性能外，还能起到助溶和分散剂的作用，具有较好的抗潮湿性能；但大多数羧酸及其金属盐的抗盐水性能和水置换性能都较差。皂类的缓蚀效果比相应的羧酸好，但在油中的溶解度较相应的酸小得多，大部分多价皂遇水会水解，其部分水解的皂油溶性差，常有沉淀析出。目前常用的主要有烯基丁二酸、环烷酸锌、硬脂酸铝、氧化石油脂及其钡皂等。

酯类缓蚀剂的优点是比酸类缓蚀剂油溶性好，抗湿热性好，还有一定的助溶、分散作用。其酸中和性不如皂类，但比羧酸类要好。酯类缓蚀剂和其他缓蚀剂复合使用既可提高其防锈性，又可对其他缓蚀剂起到助溶作用。酯类缓蚀剂的缺点是在高温下易氧化变成酸，引起金属腐蚀。常用的主要有羊毛脂以及羊毛脂衍生物、山梨糖醇酐单油酸酯、季戊四醇脂肪酸酯、丁二醇或丁三醇单油酸酯等。羊毛脂一般多与石油磺酸钡、环烷酸锌复合使用，山梨糖醇酐单油酸酯常与石油磺酸盐等复合使用。用得较多的羊毛脂衍生物有羊毛脂皂类及磺化羊毛脂皂类，具有良好的抗盐水性。

胺类及其他含氮化合物缓蚀剂，由于在油中的溶解度较小，故需添加醇类、酯类和植物油脂等助溶剂。单纯的胺类溶解能力和防锈效果均不理想，若用油溶性磺酸、环烷酸、有机磷酸及某些羧酸中和成盐，相关性能却会得到改善。N-油酰肌氨酸是汽油、润滑油和硅油中的一种优良的油溶性防锈剂，对钢、铁具有优良防锈作用。N-油酰肌氨酸十八胺盐具有多种基团的表面活性剂，不但具有良好的抗湿热性，还有良好的抗盐雾性及酸中和性，但其油溶性较差。咪唑啉类及其衍生物是新发展起来的含氮化合物中的多效能缓蚀剂，具有显著的抗湿热、抗盐水性能以及对各种金属的适应性。这类化合物油溶性差，用有机酸中和成盐后，油溶性能得到明显改善。例如，氨乙基十七烯基咪哇琳的烷基磷酸盐及十二烯基丁二酸盐，对黑色金属和有色金属均有良好的防锈效果。其他一些含氮的杂环化合物中，较广泛应用的有苯并三氮唑（BTA）、甲苯三氮唑（TTA）、α-巯基苯并噻唑、苯并咪唑和萘酚三氮茂等，都是铜、银有色金属的缓蚀剂。

磷酸酯及其他含磷化合物缓蚀剂有酸性磷酸酯类、酸性亚磷酸酯类以及硫代磷酸酯类等，通常作为润滑油的抗磨、抗腐、抗氧多效添加剂。磷酸酯的缺点是容易水解，在试样表面形成一层灰暗色的反应膜，因此它不能单独使用[117]。

单种防锈剂由于其分子组成和空间结构单一，相邻分子间的空隙比较大，其在金属表面形成的保护膜致密度较低，对小分子的腐蚀介质的隔离作用相对较差；而将不同种类缓蚀剂复合使用，由于复合防锈剂含不同极性基团和非极性烃基基团，各基团间分子组成和空间结构差异较大，不同种类的基团彼此交错组合，在金属表面形成致密的分子膜，因而其抗盐雾性能最佳。

此外，还可以在复合防锈剂中添加锈转化剂。锈转化剂可以与铁锈起化学反应，在钢铁表面形成铁络合物，可把厚度在 80μm 左右的铁锈层转化成稳定的化合物，使铁锈转化为无害的且具有一定附着力的坚硬外壳，形成保护性封闭层，防止钢铁氧化锈蚀，起到除锈、防锈双重作用。锈转化剂的使用，可以降低施工前表面处理的要求，节约人力、物力，降低成本。

3. 稠化剂

稠化剂是矿脂防蚀膏中重要的特征组分，是被相对均匀地分散而形成矿脂防蚀膏结构的固体颗粒，它在功能性基料中被表面张力或其他物理力所固定，形成矿脂防蚀膏的结构，从而降低整体的流动性，提高矿脂防蚀膏的黏度以及其他性能。这种固体颗粒可以是纤维状，如脂肪酸金属盐；也可以是扁平状或球状，如一些非皂稠化剂。稠化剂最重要的要求是颗粒应当极细，并能均匀地分散在矿脂防蚀膏体中。由于稠化剂类型不同，所制备的矿脂防蚀膏的基本性能也有所不同。稠化剂有两大类：一是皂基稠化剂，即脂肪酸金属盐，包括单皂、混合皂以及复合皂；二是非皂基稠化剂，包括烃类、无机类及有机类；通常皂基稠化剂的应用比较广泛[118]。

1）皂基稠化剂

单皂基是以单一金属皂作稠化剂。

混合皂基是以两种或两种以上的单一金属皂按一定比例混合，同时作为稠化剂。

复合皂基是以两种不同的脂肪酸根结合在同一金属原子上形成的复合皂基稠化剂，它一般具有较高的耐温性、良好的机械安定性和胶体安定性。此外，也可使用一种脂肪酸和另一种非脂肪酸制成复合皂稠化剂。

2）非皂基稠化剂

主要包括烃类、无机类和有机类稠化剂。

烃类稠化剂包括石蜡、地蜡等，具有良好的抗水性。

无机类稠化剂有表面改性的有机膨润土和硅胶（包括表面改质的和未改质的硅胶）。

有机类稠化剂包括阴丹士林染料、酞青铜颜料、N-十八烷基对苯二甲酸酰胺金属盐、有机脲、聚四氟乙烯、氟化乙烯丙烯共聚物和氟化苯等。

4. 填充剂

填充剂是一种能被分散介质很好的湿润的高度分散的固体物质。在矿脂防蚀膏中添加填充剂，可以增强膏的密封性和防护性，减小线膨胀系数和收缩率，提高稳定性，增加耐热性和机械强度，降低膏体流动性，调节黏度等。

填充剂有很多,常用的填充剂有粉状、纤维状和片状三种。粉状的有石棉粉、滑石粉、石英粉等;纤维状的有金属丝、玻璃纤维、碳纤维等;片状的通常有云母粉、玻璃布等。

根据使用环境、施工要求等不同,可以采用不同性能的填充剂。例如,石英粉具有独特的耐酸、耐碱化学稳定性,具有耐热性和不燃性,还具有良好的绝缘性,适用于存在酸碱等化学性腐蚀介质的环境。云母粉具有独特的片状结构,在矿脂防蚀膏中叠加排列,这不仅对腐蚀介质的渗透构成了一道道屏障,使腐蚀介质在矿脂防蚀膏中通过类似迷宫般的曲曲折折的途径,从而有效地抑制腐蚀介质的渗透,这也相当于增加了矿脂防蚀膏的厚度。纳米填充剂则是填充材料发展的一大趋势,采用纳米技术对填充材料进行改性,可以有效提高其综合性能,特别是可以增强其耐光性、耐老化、耐候性等[119-121]。

4.3.2　矿脂防蚀膏的制备

矿脂防蚀膏的制备设备主要是行星搅拌机,行星架转动时,带动缸内的行星轴围绕料桶轴线公转的同时高速自转,从而使物料受到强烈的剪切、捏合作用,达到充分分散和混合的目的;在行星架上有一刮壁刀,随行星架转动,紧贴桶壁不断地刮拭,桶壁经大型立车精加工后,再经大型自动抛光机抛光,以确保行星架上的活动刮刀在旋转时把桶壁的物料完全刮掉,使桶壁无滞留料,提高混合效果。

矿脂防蚀膏制备时,要将功能性基料、复合防锈剂、稠化剂、填充剂等按照严格的规定比例和加入的顺序,放入行星搅拌机内进行混合。混合时要严格控制温度和真空度,混合搅拌均匀后,就可以将矿脂防蚀膏转入灌装装置,进行灌装、包装。矿脂防蚀膏的包装分内包装、外包装两部分,内包装采用一端斜口设计,使用时可沿斜口处剪开,将膏体挤出,直接涂抹于钢结构表面,便于工人控制用量,方便施工。

4.3.3　矿脂防蚀膏的性能指标及检测方法

复层矿脂包覆防护体系的普通型矿脂防蚀膏的外观和性能指标及检测方法参考表 4-2 和表 4-3。

表 4-2　矿脂防蚀膏的外观

项目	矿脂防蚀膏	矿脂防蚀带	防蚀保护罩	封闭胶泥
状态	膏状	卷状缠带	光滑密实坚硬壳状	油泥状
色泽	淡褐色	淡黄色	根据需要调配	任意色
气味	油脂味	油脂味	无	无

表 4-3　矿脂防蚀膏的性能指标及检测方法

项目	要求	检测方法
密度/(g/mL)	0.75～1.25	GB/T 13377
稠度/mm	10.0～20.0	GB/T 269
燃点/℃	≥175	GB/T 3536
滴点/℃	≥40	GB/T 8026
耐温流动性	在(50±2)℃下，垂直放置 24h，不流淌	附录 A
低温附着性	在(−20±2)℃下，放置 1h，不剥落	附录 B
不挥发物含量/%	≥90	GB/T 1725
水膏置换性	附录 C 中的锈蚀度 A 级	附录 D
耐盐水性	附录 C 中的锈蚀度 A 级	附录 E
耐中性盐雾性	192h，附录 C 中的锈蚀度 A 级	GB/T 10125
腐蚀性（失重法）/(mg/cm^2)	−0.1～0.1	附录 F
耐化学品性	附录 C 中的锈蚀度 A 级	附录 G

注：耐中性盐雾性试验钢板同耐化学品性试验钢板。

4.4　矿脂防蚀带

矿脂防蚀带是一种浸渍了特制防蚀材料的人造纤维制成的聚酯纤维布。矿脂防蚀带所含防蚀材料具有和矿脂防蚀膏相似的成分及性能，除了防蚀作用外，还能够增强密封性能，提高整体的强度及柔韧性。

4.4.1　矿脂防蚀带的载体材料

矿脂防蚀带的载体材料是特种聚酯纤维布，它是通过聚酯长丝成网和固结的方法，将其纤维排列成三维结构，经纺丝针刺固结直接制成。无纺布除了具有良好的力学性能外，还具有良好的纵横向排水性能和良好的延伸性能，以及较高的耐生物、耐酸碱、耐老化等化学稳定性能；同时，还具有较宽的孔径范围、曲折的孔隙分布、优良的渗透性能和过滤性能。

聚酯纤维布是防蚀材料的载体，能够和矿脂防蚀膏结合为一体，密封凹凸不平的被保护表面，缓冲外部冲击力。其相关技术参数如表 4-4 所示。

表 4-4　聚酯纤维相关技术参数

项目	100	150	200	250	300	350	400	450	500	600	800
厚度/mm	≥0.8	≥1.2	≥1.6	≥1.9	≥2.2	≥2.5	≥2.8	≥3.1	≥3.4	≥4.2	≥5.5
断裂强力/(kN/m)	≥4.5	≥7.5	≥10.0	≥12.5	≥15.0	≥17.5	≥20.5	≥22.5	≥25.0	≥30.0	≥40.0
断裂伸长率/%					40～80						

续表

项目	100	150	200	250	300	350	400	450	500	600	800
CBR 顶破强力/kN	≥0.8	≥1.4	≥1.8	≥2.2	≥2.6	≥3.0	≥3.5	≥4.0	≥4.7	≥5.5	≥7.0
撕破强力/kN	0.14	0.21	0.28	0.35	0.42	0.49	0.56	0.63	0.70	0.82	1.10
耐水性/%						≥95					
浸渍性						无未浸透处					
含水率/%						≤0.5					

4.4.2　矿脂防蚀带的防蚀材料

矿脂防蚀带上的防蚀材料具有和矿脂防蚀膏相似的成分及性能，主要也是由功能性基料、稠化剂、复合防锈剂、填充剂等成分组成。功能性基料是防蚀材料的载体，使各种功能性添加剂在其中能充分分散和发挥作用。功能性基料要选择与无纺布浸润性能好的型号。稠化剂是决定防蚀材料稠度、硬度的重要组分；稠化剂的加入能够降低整体的流动性、增强防蚀材料在无纺布上的附着力，并且能够起到抵抗水分入侵的作用。复合防锈剂在矿脂防蚀带各组分中主要起到缓蚀、防锈的作用，与矿脂防蚀膏中的防锈成分相互配合，起到强化防蚀的效果。填充剂是矿脂防蚀带的"骨架"，主要起到增强整体密封性、提高机械强度、提高稳定性的作用。矿脂防蚀带中的填充剂要求有更好的化学稳定性，以抵抗外部腐蚀介质的侵蚀，为内部的矿脂防蚀膏和被保护体提供更好的保护。

此外，防蚀材料中还添加了特殊的助剂，以增加防蚀材料与无纺布的附着强度，从而增强矿脂防蚀带的整体强度。在使用的过程中，能够和被保护钢材表面涂抹的矿脂防蚀膏结合为整体，起到密封和强化防蚀的作用。

4.4.3　矿脂防蚀带的制备

矿脂防蚀带采用浸膏机制备，浸膏机主要由进布装置、浸膏槽、浸膏辊、挤压辊、导布辊、自动齐边装置、自动成卷装置等构成。未浸膏的无纺布由进布装置导入浸膏槽，通过浸膏辊压入矿脂防蚀膏中，经过充分浸渍后，再经过挤压辊挤去布上多余的膏料，由导布辊导出浸膏池，最后由自动齐边装置和自动成卷装置卷成长 10m 的卷。

卷好的矿脂防蚀带，需要放置冷却；完全冷却后，就可以进行切割。矿脂防蚀带上浸渍的防蚀材料黏度大，与无纺布结合紧密，因此采用带式圆形切割机切割，避免防蚀材料和无纺布的纤维卡在锯齿上，导致锯齿打滑，无法正常切割。矿脂防蚀带一般切割成宽 20cm 的小卷，也可根据需要切割成不同宽度，方便施工时使用。切割好的矿脂防蚀带经过简单的修饰，就可以进行包装。

4.4.4 矿脂防蚀带的性能指标及检测方法

矿脂防蚀带的性能指标及检测方法应符合表 4-5 的规定，其应由矿脂防蚀膏制造商配套提供。

表 4-5 矿脂防蚀带的性能指标及检测方法

项目	要求	检测方法
面密度/(g/m^2)	700～1750	HB 7736.2
厚度/mm	1.1±0.3	GB/T 3820
拉伸强度/(N/m)	≥2000	GB/T 3923.1
断裂伸长率/%	10.5～25.5	GB/T 3923.1
剥离强度/(N/m)	≥200	附录 H
耐高温流动性	在(45～65)℃下，不滴落	GB/T 30651-2014
低温操作性	在(−20～0)℃下，不断裂，不龟裂，剥离强度保持率大于 50%	GB/T 30650-2014
绝缘电阻率/(MΩ·m^2)	≥1.0×10^2	附录 I
耐盐水性	浸泡 8d，附录 C 中的锈蚀度 A 级	附录 J
耐中性盐雾性	1000h，附录 C 中的锈蚀度 A 级	GB/T 10125
腐蚀性（失重法）/(mg/cm^2)	−0.2～0.2	附录 K
耐化学品性	附录 C 中的锈蚀度 A 级	附录 L

注：耐中性盐雾性试验钢板同耐化学品性试验钢板。

4.5 防蚀保护罩

矿脂防蚀膏和矿脂防蚀带能为海洋中使用的钢铁设施提供有效的防腐蚀保护。但海洋浩瀚无边，如仅采用矿脂防蚀膏和矿脂防蚀带对钢结构进行防腐，其防蚀成分难免会在海浪的冲击、海水溶解、风吹日晒等自然作用下逐渐减少，难以起到长效耐久的防护效果。因此，在矿脂防蚀膏和矿脂防蚀带外层包覆一个坚固耐久的防蚀保护罩，可大大提高复层矿脂包覆技术的防腐性能和耐久性能。

防蚀保护罩有多种材料可供选择，常用的有钛合金保护罩、耐海水不锈钢保护罩、耐海水铝合金保护罩、增强玻璃纤维保护罩等。合金材料制成的保护罩，在国外已有应用，但由于其成本较高，在国内目前还没有应用。本节将重点介绍常用的玻璃钢保护罩。

4.5.1 玻璃钢防蚀保护罩

玻璃钢又称玻璃钢塑料（FRP），已广泛用于航天航空、汽车、轮船、列车、桥梁等领域，它具有较高的稳定性、优异的耐腐蚀性、耐热性、耐磨性和耐久性。玻璃钢材料具有抗疲劳强度高、质量轻、成型工艺简单等特点，是制作复层矿脂包覆防腐技术中防蚀保护罩的理想材料。

1. 材料的选择

制作玻璃钢防蚀保护罩的主要材料有树脂、玻璃纤维或增强玻璃纤维、各种助剂（如固化剂、引发剂）等。

树脂 树脂的作用是使玻璃纤维层之间紧密结合、保护玻璃纤维的表面、为玻璃纤维制品提供良好的耐水性和耐药品性，并可以改变玻璃纤维制品的物理性能和热性能。制作防蚀保护罩所用的树脂主要有不饱和聚酯树脂和特殊的环氧树脂。

不饱和聚酯树脂是一种最常用的制作玻璃钢防蚀保护罩的材料，它的固化是一个化学反应的过程，即在引发剂和促进剂存在的条件下，不饱和树脂发生自由基共聚反应，生成性能稳定的体型结构。不饱和聚酯树脂的常温固化剂可使用过氧化甲乙酮（MEKPO），它一般与作为促进剂的环烷酸钴配合使用。它在玻璃钢工业上是一类重要的合成树脂，可以作为黏结剂给玻璃钢提供许多优异的物理、化学性能，同时又可以在过氧化物的引发下，进行室温接触成型制备玻璃钢，成型工艺简单并且能制造大型制件。随着玻璃钢成型新工艺的发展，可以进行机械化连续生产，必将促进玻璃钢工业的发展。其优异的物理、化学性能表现在力学性能良好，工艺性能优良，具备良好的耐热、耐化学腐蚀性能等。

胶衣树脂是不饱和聚酯树脂中的一个特殊品种，主要用于树脂制品的表面，呈连续性的覆盖薄层。胶衣的厚度一般控制在 0.3～0.5mm 之间，通常以单位面积所用的胶衣质量来控制，即胶衣的用量为 350～550g/m^2。胶衣树脂通常用一层表面毡增强。制成品表面胶衣树脂的作用是给基体树脂或层合材料提供一个保护层，提供制品的耐候、耐腐蚀、耐磨等性能，并给制成品以光亮美丽的外观。根据使用要求的不同，常用的胶衣树脂有耐化学性、耐腐蚀、耐热及耐冲击等性能较好的新戊二醇-间苯型；耐水性和耐候性较好，适用于海水使用的新戊二醇-邻苯型等。

不饱和聚酯树脂虽然有许多优良性能，但其力学性能较低，在多数情况下需要加入增强材料以提高其力学性能，才能满足使用要求。这种增强材料主要是玻璃纤维。

玻璃纤维 玻璃纤维是无机非金属材料中一种新型功能材料和结构材料，由于具有耐高温性能好、抗腐蚀性强、强度高、伸缩性小、不燃烧等许多优异的特点，常作为复合材料中的骨架材料，对制品的最终性能起到关键性的作用，目前已广泛应用于电子、通信、核能、航空、航天、舰艇及海洋开发等高新技术产业，是不可缺少的可持续发展高新技术材料。生产中主要采用的玻璃纤维是无碱玻纤。无碱玻纤抗拉强度比钢丝还高，与金属材料相比质量较轻，与金属铝相当，抗疲劳强度高，非常适用于制作须经受冲击负荷的结构材料。同时，无碱玻纤还具有优异的电性能，绝缘强度高，介电常数低；尺寸稳定性好，在最大应力条件下，伸长率仅 3%～4%；耐高温，化学稳定性好，耐候性好，除强酸外，不受任何化学物侵蚀。

2. 玻璃钢防蚀保护罩的制作

1）基本构造

复层矿脂包覆技术包覆对象多为规则形状钢结构物，如海港码头的钢桩管桩和钢板桩。对于这些规则的形状，防蚀保护罩可以在工厂预制，然后通过螺栓紧固的方式现场施工安装。

一般钢管用防蚀保护罩的直径不大于 2.5m，长度不大于 3m。保护罩纵向平分为两部分主体，扣合则形成被保护体的形状；其扣合部各自向外侧延伸形成法兰，通过螺栓固定（图 4-3）。

防蚀保护罩法兰部分厚度应为 8～10mm，主体边缘部分应从主体部分逐渐加厚到与法兰部分相同的厚度，主体部分厚度不应小于 3mm。法兰宽度为 40～50mm。法兰紧固边过渡弧长为 100～150mm。挡板与防蚀保护罩材质相同，厚度为 1～2mm，宽度为 100～200mm。

为使防蚀保护罩具有更好的密封性能，两个对称半圆罩体间应制作相应材质的挡板进行密封。挡板宽度为 100～200mm，厚度为 1～2mm，长度与防护罩尺寸一样。挡板应具有充分的柔韧度，以便于现场安装操作。防蚀保护罩需要用支撑卡箍进行固定，防止保护罩下滑。支撑卡箍由平分的两对称半圆体组成。两个半圆卡箍之间预留空隙，以便紧固。防蚀保护罩紧固螺栓应有足够长度，材质通常为 SS316L 不锈钢。

2）制作防蚀保护罩环境条件要求

手工成型制作防蚀保护罩的工作场地的大小，可根据产品尺寸和日产量确定。工作场地要清洁、干燥、通风良好，空气温度应保持在 15～35℃之间，湿度应保持 40%～60%。在后加工整修段要设有抽风除尘和喷水装置。

3）模具的制作

根据被包覆对象的要求，设计模具尺寸，制作胎模，胎模可以是木模具、金属模具、水泥模具等。胎模制作成型后，根据产品设计尺寸，应对胎模进行修整，制作纤维增强的玻璃钢模具生产产品。模具制作如图 4-5 所示。

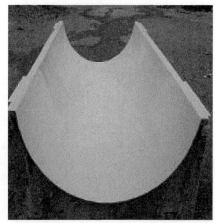

图 4-5　模具制作

4）涂刷胶衣

制作成品防蚀保护罩时，需在模具上喷涂脱模剂，待脱模剂完全干燥后，将胶衣用毛刷刷涂（图 4-6）或喷枪喷涂（图 4-7）分两次，涂刷要均匀，待第一层初凝后再涂刷第二层。胶衣层的厚度应精确控制在 0.3～0.5mm 之间。胶衣层的厚度要适宜，不能太薄，但也不能太厚，如果胶衣太薄，可能会固化不完全，并且胶衣背面的玻璃纤维容易显露出来，影响外观质量，起不到美化和保护玻璃钢制品的作用；若胶衣过厚，则容易产生龟裂，不耐冲击力，特别是经受不住从制品反面方向来的冲击。胶衣涂刷不均匀，在脱模过程中也容易引起裂纹，这是因为表面固化速度不一，而使树脂内部产生应力。胶衣要涂刷均匀，尽量避免胶衣局部积聚。此外，胶衣层的固化程度一定要控制好。

<table>
<tr><td align="center">图 4-6　毛刷刷涂胶衣</td><td align="center">图 4-7　喷枪喷涂胶衣</td></tr>
</table>

5）防蚀保护罩成型

待前一工序中胶衣初凝后，将调配好的树脂胶液涂刷到已经胶凝的胶衣上，随即铺一层玻璃纤维，压实，排出气泡。然后逐层制作，直到所设计的厚度。在制作过程中，要严格控制每层不饱和聚酯树脂胶液的用量，既要能充分浸润纤维，又不能过多。制作时玻璃纤维必须铺覆平整，玻璃纤维之间的接缝应互相错开，尽量不要在棱角处搭接。要注意用压辊将布层压紧，使其含胶量均匀，并赶出气泡，必要情况下，需要用尖状物将气泡挑破。

铺同一层玻璃纤维应尽可能连续，忌随意切断或拼接，但由于产品尺寸、复杂程度等的限制难以达到设计要求时，制作时可采取对接式铺层，各层搭缝须错开直至到产品所要求的厚度。制作时用毛刷、毛辊、压辊等工具浸渍树脂并排尽气泡。如果强度要求较高时，为了保证产品的强度，两块布之间应采用搭接，搭接宽度约为 50mm。同时，每层的搭接位置应尽可能错开。防蚀保护罩成型工艺如图 4-8 所示。

图 4-8　成型工艺

6）脱模及工装

待制成品完全固化不发热后即可脱模。脱模要保证制品不受损伤。成型后的制品，按设计尺寸切去多余部分；对有缺陷部分进行修补，包括穿孔修补，气泡、裂缝修补，破孔补强等。根据制品的尺寸要求，对脱模后的毛坯品进行切割、打孔、修边等工装后续工作（图 4-9），最后得到防蚀保护罩成品（图 4-10）。

图 4-9　工装

图 4-10 防蚀保护罩成品

4.5.2 金属类防蚀保护罩

1. 耐海水不锈钢保护罩

耐海水不锈钢是指在海水中具有较高化学稳定性的不锈钢。通常,它比一般不锈钢含有更高的 Cr、Mo 或其他合金元素,或有更高的纯度,以提高在海水中耐氯离子局部腐蚀的能力。在海洋环境中使用普通不锈钢(SUS304、SUS316),会由于孔蚀或缝隙腐蚀等局部腐蚀而影响其耐久性。研究发现,只要正确控制不锈钢中 Cr、Mo 及 N 元素的含量,就能够大幅度提高其在海水里的耐腐蚀性。不锈钢的耐腐蚀性指标是用 Cr、Mo 及 N 含量计算出孔蚀指数来进行表示的,耐海水不锈钢的孔蚀指数大于 40。采用耐海水不锈钢作为防蚀保护罩的材料,不但能够飞跃性提高保护罩的耐腐蚀性能,还具有极高的强度,可以增强保护罩的耐冲击性能。

日本某公司开发的 NAS 254N 系列高耐蚀不锈钢适用于海洋结构物的钢材,具有极佳的耐腐蚀性,且在产品寿命、维护成本方面的整体性价比优势突出。该系列为高 Ni、高 Cr、高 Mo 的高耐腐蚀性奥氏体不锈钢,在高温海水等恶劣环境中具有超强的耐腐蚀性,如耐点腐蚀性能、抗缝隙腐蚀性能高。在有些条件下,具有与哈氏合金、纯钛匹敌的耐腐蚀性,图 4-11 表示耐海水不锈钢保护罩示意图。如图 4-12 所示,在国外一些工程上也有一定的应用。

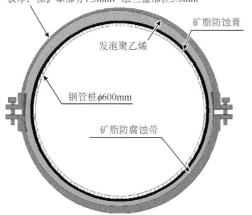

耐海水性不锈钢：SUS836L
板厚：保护罩部分1.5mm，法兰盘部位5.0mm

矿脂防蚀膏

发泡聚乙烯

钢管桩φ600mm

矿脂防腐蚀带

图 4-11　耐海水不锈钢保护罩

图 4-12　不锈钢保护罩应用实例

2. 钛合金保护罩

钛是具有优良的耐腐蚀性、耐久性的金属，强度与普通钢基本相同，密度大约是普通钢的 2/3，施工性能好，由于以上优点，选择钛作为防蚀保护罩材料能够达到很好的腐蚀防护效果。钛保护罩分为法兰式、套管式（无法兰式）及焊接式 3 种。

最初将钛板用作防蚀保护罩材料时，采用的是单法兰式，采用螺栓进行固定。单法兰式钛防蚀保护罩加工时，要在 0.7mm 厚的钛板上焊接 5mm 厚的平钢，形成法兰部位（图 4-13）。

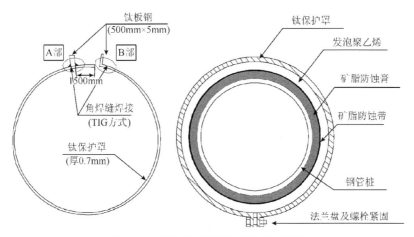

钛板钢
(500mm×5mm)

钛保护罩

发泡聚乙烯

A部　B部

500mm

矿脂防蚀膏

角焊缝焊接
(TIG方式)

矿脂防蚀带

钛保护罩
(厚0.7mm)

钢管桩

法兰盘及螺栓紧固

图 4-13　单法兰式钛防蚀保护罩示意图

由于钛板的造价很高，且突起的法兰部位会受到波浪冲击的影响，因此人们开始着眼于无法兰式防蚀保护罩的开发，最终开发出套管式钛防蚀保护罩。套管式钛防蚀保护罩是将 0.4mm 厚的钛薄板两端沿纵向弯折 20mm 左右，在弯折部位中插入加工成 C 型的钛板（0.8mm 厚）套管进行固定（图 4-14）。

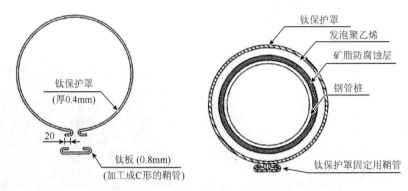

图 4-14   套管式钛防蚀保护罩示意图

焊接式钛防蚀保护罩是将 0.6mm 厚的钛板在钢桩上包裹好之后，在重合部位边缘用点焊焊接器进行焊接固定（图 4-15）。

3. 耐腐蚀铝合金保护罩

通常情况下，将金属作为保护罩材料，因其比例大，施工性较差。因此人们考虑采用密度较小的铝合金薄板来解决这一问题。5052 铝合金不仅具有良好的耐腐蚀性能，而且密度仅为普通钢的 1/3；强度较高，能够抵抗海浪以及浮游物体的撞击，并且成型性、焊接性良好，容易加工，施工性也很好。鉴于以上种种优点，可以选择铝合金作为防蚀保护罩的材料。

耐腐蚀性铝合金保护罩制作时，将厚度为 1.5mm 的耐腐蚀铝合金加工成半圆柱形，将两端弯曲成法兰，在法兰部位焊接上相同材质（厚度 5mm）的角材进行加固（图 4-16）。另外，为了防止固定保护罩的螺栓（SUS304）和保护罩材料（铝

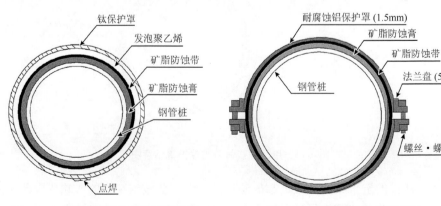

图 4-15   点焊式钛防蚀保护罩示意图   图 4-16   铝防蚀保护罩示意图

合金）之间产生接触腐蚀，需在螺栓上安装绝缘保护套筒。为了增加耐腐蚀性铝合金保护罩的美观性，保护罩表面用丙烯树脂烤漆（40μm）进行装饰。

4.6 复层矿脂包覆防腐技术的性能评价

本章前几节对复层矿脂包覆防腐技术的矿脂防蚀膏、矿脂防蚀带、防蚀保护罩的组成和性能测试进行了详细的介绍。本节将对整个复层矿脂包覆防腐体系的防护性能进行评价，主要采用模拟海洋环境腐蚀试验进行评价。

该试验采用天然海水人工模拟浪花飞溅区和海洋潮差区的干湿交替情况，来评价复层矿脂包覆防腐蚀体系的腐蚀防护性能。模拟海洋环境装置如图4-17所示，设有控制系统和环境模拟系统。控制系统的核心是可编程控制器；环境模拟系统包括环境箱、分别与环境箱连接的海水循环回路、压缩空气通道和热风通道等几部分。控制系统能对与试验样品接触的海水循环间隔和干湿交替时间进行编程控制，时间控制可以精确到秒；环境模拟系统能模拟浪花飞溅区、海洋潮差区和海水全浸区的环境模式。模拟海洋环境装置露天放置距离海岸 500m 的场地内，采用天然海水作为循环水，可用于模拟钢结构在浪花飞溅区、海洋潮差区和海水全浸区等各个区带的腐蚀状态。

图 4-17 模拟海洋环境装置图

将直径 76mm，高 2m 的钢桩采用复层矿脂包覆技术进行保护，与未采取防护措施的钢桩一起，垂直放置在模拟海洋环境装置中，3 年之后打开包覆层，对比两者之间的差别。

选用 Q235A 钢管桩作为试样，进行试验。钢桩样品直径 ϕ74mm，壁厚 9mm。共放置 3 个采用复层矿脂包覆技术包覆的平行样，一个未保护的裸钢桩作为对比样。

1. 表面处理

用砂纸对钢桩表面进行打磨，除去表面浮锈，打磨前后效果对比如图4-18所示。

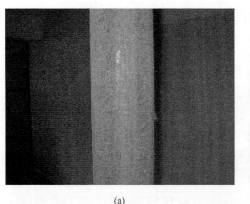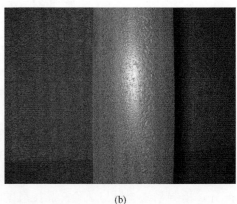

(a)　　　　　　　　　　　　　　　　(b)

图 4-18　钢桩表面处理前后效果

（a）表面未处理的钢桩；（b）表面经过打磨处理的钢桩

2. 涂抹矿脂防蚀膏

在打磨好的钢桩表面涂抹矿脂防蚀膏，使用量按照 $300g/m^2$ 即可，注意涂抹均匀（图4-19）。

3. 缠绕防蚀带

在涂抹好矿脂防蚀膏的钢柱表面，缠绕矿脂防蚀带。缠绕时，在起始处首先缠绕两层，然后依次搭接1/2。要注意用力将防蚀带拉紧铺平，将里面空气压出，缠绕好防蚀带的钢管如图4-20所示。

图 4-19　涂抹了矿脂防蚀膏的钢桩　　　　图 4-20　缠好矿脂防蚀带的钢桩

4. 安装防蚀保护罩

先按照钢桩的尺寸加工好玻璃钢防护罩；将防蚀保护罩用不锈钢螺栓紧固，安装在钢桩上，如图 4-21 所示。要注意使防蚀保护罩密封受力均匀，防止局部应力过大造成保护罩变形和密封边破裂。

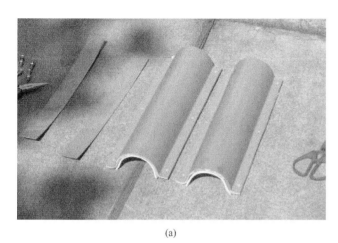

(a)   (b)

图 4-21　预制的防蚀保护罩（a）和安装了防蚀保护罩的钢桩（b）

包覆钢桩试样完成后，与作为对比样的裸钢试样一起放入模拟海洋环境装置中，进行长期的模拟海洋腐蚀试验，如图 4-22 所示。

图 4-22　放置在试验池中的包覆和裸钢试样

3 年后，取出包覆试样和作为对比的裸钢试样，进行防护效果对比。图 4-23 是复层矿脂包覆的钢桩。去除表面粘的海泥等可以看出，在模拟试验装置中经过

3 年的模拟试验，保护罩表面并没有丝毫的破损，完好如初。打开包覆在外面的玻璃钢外壳，矿脂防蚀带依然紧密地缠绕在被保护钢桩上，没有丝毫的褪色和干裂。矿脂防蚀带仍然具有良好的浸润性，可以对包覆的钢桩提供很好的保护作用。将缠绕在钢桩表面的矿脂防蚀带去除，钢桩表面的防蚀膏仍然具有较好的黏附性以及湿润性。

图 4-23　复层矿脂包覆了 3 年的试样

（a）取出未处理外貌图；　（b）去除表面污泥的外貌图；　（c）去除防蚀保护罩后外观图；
（d）去除表面矿脂防蚀带的外观图

将采用复层矿脂包覆技术防护的钢桩表面擦拭干净，然后与未进行保护的裸钢试样进行比较，如图 4-24 所示。可以看出未进行保护的裸钢经过 3 年时间，表

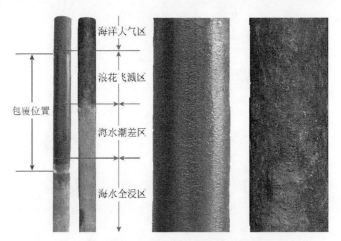

图 4-24　包覆保护下的钢桩与未保护的钢桩表面对比图

右图为浪花飞溅区局部特写图

面腐蚀非常严重，特别是处于浪花飞溅区的部位，生成大量的铁锈。而采用复层矿脂包覆技术防护的钢桩表面状态良好，没有发生锈蚀现象。

　　通过模拟海洋腐蚀环境试验，可以更直观地了解复层矿脂包覆防腐技术的防护效果。复层矿脂包覆防腐技术对于处于海洋环境中，尤其是浪花飞溅区重腐蚀区的钢结构具有良好的腐蚀防护效果，具有很好的推广应用价值。

第5章 复层矿脂包覆防腐技术施工工艺及工程应用

5.1 应用范围和工艺特征

当前，国内海洋钢结构物在大气区通常采用涂料保护，海水全浸区主要采用电化学保护，已取得较好的保护效果。海洋钢结构浪花飞溅区是最严重的腐蚀部位，其防腐蚀问题是腐蚀防护工作的短板。随着我国新建海洋工程设施的增多以及在役海工设施维修高峰时期的到来，海洋浪花飞溅区的防腐蚀问题已得到了空前广泛的关注。为延长海洋钢结构物的使用寿命，对于浪花飞溅区的腐蚀必须采取有效的防腐蚀措施，否则，将会危及这些钢结构设施的服役寿命，因而，防护工作就显得十分迫切。

暴露在浪花飞溅区的钢结构物及其防腐蚀保护材料，必须有足够的强度和耐蚀性能，能经受海浪的冲击和海水的腐蚀。位于此区带的海洋钢结构设施，对其进行腐蚀防护工作是相当困难的。日本中防防腐公司在 19 世纪 60 年代率先采用复层矿脂包覆防腐技术，目前已形成一种适用于海港码头、跨海大桥、海洋平台及其他浪花飞溅区钢结构的长期耐久的防腐蚀方法。20 世纪初，中国科学院海洋研究所与日本中防防腐公司通过合作研究，改良完善该技术，形成了一套具有自主知识产权的可带水操作的新型复层矿脂包覆防腐技术。

复层矿脂包覆防腐技术的包覆范围可从最低潮位以下 1.0m 至浪花飞溅区，由于具有良好的抗腐蚀性、抗疲劳强度和冲击强度，可以为暴露在浪花飞溅区的钢结构提供长时间的保护。从防腐蚀全寿命周期维护的观点来看，针对海洋钢结构设施浪花飞溅区的腐蚀问题，复层矿脂包覆防腐技术无疑是最为成熟和最具优势的保护技术。

复层矿脂包覆防腐技术可以大大延长海洋钢结构设施的维修周期，减少维修费用，节省人力物力、提高构筑物的耐久性，延长钢结构物和设施的使用寿命，有效防护 30 年以上。该技术对暴露于海洋浪花飞溅区的钢铁设施具有广泛的适应性。它可应用于跨海大桥、钻采平台和港口码头等，也适用于各种腐蚀环境下的管线保护，不仅可用于已建成的表面难处理钢铁设施的防腐修复，还可以用于新建钢钢结构设施的腐蚀防护，均具有良好的保护效果。这对保护海洋钢结构设施的安全运行具有极其显著的经济价值和极其重要的社会意义。

作为一项专用的防腐技术，复层矿脂包覆防腐技术有其独到但并不复杂的施工技术要求。海洋钢结构复层矿脂包覆防腐技术的主要施工工艺步骤包括工程设计、施工准备、现场标记、表面处理、涂矿脂防蚀膏、缠绕矿脂防蚀带、密封缓冲层、安装防蚀保护罩和端部密封等工艺步骤。另外，对于具有复杂节点的钢结构，由于无法使用预制的玻璃钢防蚀保护罩，可现场制作玻璃钢防蚀防护罩。为检查此方法对钢结构的防腐蚀效果，可以通过安装保护和未保护试片的方法，测定其腐蚀速率。根据钢桩所处腐蚀环境，应当在浪花飞溅区包覆防腐工程具有代表性的 1～2 个钢桩上安装对比试片来评价该技术的保护效果。

5.2　复层矿脂包覆防腐技术施工工艺

5.2.1　直管结构

对于海洋钢桩等直管结构，主要施工工艺过程包括搭建作业平台等准备工作、表面处理、涂刷矿脂防蚀膏、缠绕矿脂防蚀带、预制防蚀保护罩安装及端部密封处理等步骤。图 5-1 是直管结构的施工流程图。

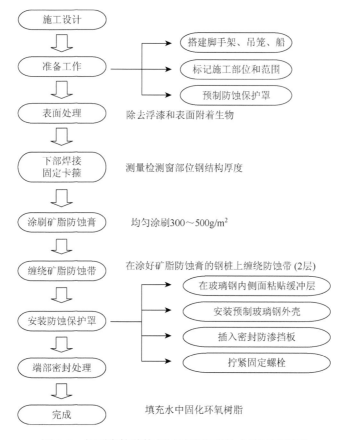

图 5-1　规则直管结构复层矿脂包覆技术施工流程图

图 5-2 表示了直管结构的关键工艺操作步骤。

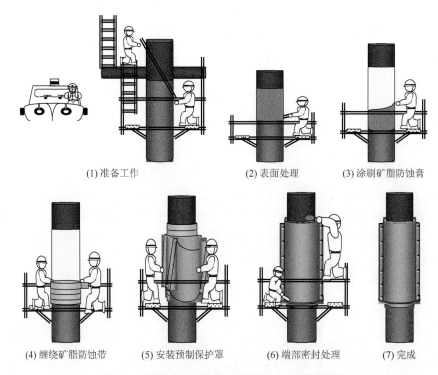

(1) 准备工作　　　　(2) 表面处理　　　　(3) 涂刷矿脂防蚀膏

(4) 缠绕矿脂防蚀带　　(5) 安装预制保护罩　　(6) 端部密封处理　　(7) 完成

图 5-2　规则直管结构复层包覆技术施工示意图

（1）准备工作：海洋钢结构实施复层矿脂包覆技术的前提和必要条件，为现场施工做好材料、工具和技术准备。主要包括工程方案设计、预制玻璃钢壳加工、人员培训、搭建作业平台（船舶、脚手架和吊笼等）、准备施工工具等。

（2）表面处理：海洋钢结构特别是已建钢结构，其表面一般有钢铁腐蚀锈层、附着海洋生物或涂层龟裂层，需要将这些物质除去，特别是 1cm 以上突出物的必须清除，以使防蚀膏能均匀涂布在钢铁表面，达到防腐蚀效果。对于需要安装检测试片的钢结构，要在安装检测试片的部位焊接固定螺栓，并进行钢结构的厚度测量。

（3）涂刷矿脂防蚀膏：矿脂防蚀膏含有优良缓蚀剂成分，能够有效控制钢铁的腐蚀。

（4）缠绕矿脂防蚀带：矿脂防蚀带同样含有优良缓蚀剂，并能有效隔绝氧气，极大地降低腐蚀发生的可能。

（5）安装预制防护罩：防护罩是具有较高强度的玻璃钢，能够使矿脂防蚀带免于遭受撞击而破损；并能够有效阻隔水汽和盐雾的侵入，基本上隔绝了腐蚀发生的外部条件。

（6）端部密封处理：使用水中固化树脂，将防护罩两端与钢桩结合处密封，使复层矿脂包覆层与被保护钢桩构成一个密封的整体，飞溅的海水和雨水不会渗入包覆层内，进一步杜绝了腐蚀发生的基本条件，使该部位钢桩得到最大可能的保护。

1. 工程设计

收集海洋钢结构设施及其海域环境具体设计图纸和水文等资料。设计施工方案，绘制施工图纸，准备施工材料、确定施工范围。根据钢桩尺寸、数量和颜色等要求预制玻璃钢防蚀保护罩。

2. 施工现场准备

1）搭建作业平台

根据施工现场条件和施工位置，搭建作业平台。可以直接使用施工作业船、搭建施工吊篮或脚手架。注意作业平台应安装牢固，便于施工操作，必须保证施工人员的安全。

常规包覆施工作业采用搭建脚手架（图 5-3），该方法施工安全系数较高，便于施工；但是对于不方便搭建脚手架的钢结构，根据具体施工条件，施工中还可以采用悬挂吊篮的方式（图 5-4），吊篮之间固定木板和竹排，通过手动葫芦上下移动。施工人员站在吊篮里和木板构成的工作面上施工作业，不需上下攀爬，受海浪的冲击影响较小，大大提高了安全作业系数；而且悬挂吊篮节省空间，并可移动，便于玻璃钢防蚀保护罩的安装。对于结构简单的作业对象，如单根钢柱的保护，也可以直接使用作业船（图 5-5）。

图 5-3　搭建脚手架

图 5-4　固定吊篮

图 5-5　作业船

2）确定施工部位和方式

根据设计图纸，确定现场施工范围，标记出具体施工区域。如果有影响施工的可移除的设施，可采用专用工具切除。图 5-6 是为某油田平台复层矿脂包覆技术的现场施工方式和部位示意图，浅色表示使用预制成型玻璃钢保护罩，深色表示现场制作玻璃钢防蚀保护罩。

图 5-6　包覆防腐施工方式和部位示意图

3）预制玻璃钢防蚀保护罩加工

根据设计图纸及安装具体方案，并按现场尺寸，在工厂中进行玻璃钢防蚀保护罩的预制生产。进入施工现场时，可再根据具体情况对在工厂预制好的玻璃钢防蚀保护罩进一步加工，使之完全适合于现场安装要求。

4）焊接和固定钢箍

在需要施工的直立钢桩的下部焊接固定钢箍的目的是防止预制玻璃钢防蚀保护罩在自身重力的作用下发生滑脱。在根据工程要求的垂直钢桩最低保护线处，标记出固定钢箍的焊接位置。根据标记的固定钢箍的位置，用电焊机将固定钢箍焊接于钢桩上,焊接应均匀选择 4～6 个焊点,每条焊缝应大于 2cm。另外,对于不允许进行动火作业的钢桩,可用顶紧螺栓将钢箍固定在钢桩上。

3. 表面处理

为保证矿物油脂能与钢材表面充分结合,达到最佳的保护效果,必须进行钢材表面处理。施工区域钢结构表面处理要求是无明显鼓泡和浮锈,达到 ISO St2 标准;海洋潮差区等海生物附着区带应尽量除去附着的海生物,表面突出物不应有锐角,一般不高于 5mm,最大不高于 10mm。用钢铲等工具除去钢结构表面的浮锈、鼓包和贝类、海藻等污损生物。特别注意节点处的除锈要保证质量。一般不需要进行喷砂处理,对表面处理要求不高,可以带锈作业是复层矿脂包覆防腐技术的最大特点。个别腐蚀特别严重的地方或为了提高工作效率,可以采用喷砂除锈,使钢结构表面光洁度达到要求。图 5-7～图 5-9 是钢结构表面处理的有关照片。

图 5-7　钢结构表面处理(除去污损生物)

图 5-8　钢结构表面处理(手工除锈)

图 5-9　钢结构表面处理（喷砂除锈）

4. 涂矿脂防蚀膏

根据表面腐蚀严重程度，在处理好的钢桩表面均匀涂抹矿脂防蚀膏，按照 $300\sim500\text{g/m}^2$ 的使用量涂抹。

每次自矿脂防蚀膏袋中挤出 $20\sim30\text{g}$ 矿脂防蚀膏于手掌中间或其他工具上，在钢桩表面来回涂抹 $2\sim3$ 次，使矿脂防蚀膏在钢结构表面均匀分布。对于钢桩的光滑表面用量约 300g/m^2；锈蚀特别严重处用量约 $400\sim500\text{g/m}^2$（图 5-10）。钢桩表面的坑凹和缝隙处应用专用填充料填满抹平，突出物的表面也应涂抹一层矿脂防蚀膏，使矿物油脂在钢结构表面成一层均匀分布的完整保护膜。施工时，可以带水作业。在海水上涨可浸没的施工区带涂抹矿物油脂时，应尽量选在低潮时进行，减少水中作业量。

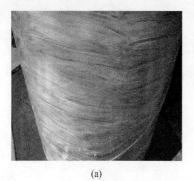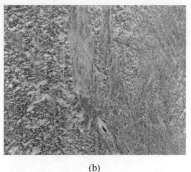

(a)　　　　　　　　　　　　　　　　(b)

图 5-10　涂抹矿脂防蚀膏

（a）光滑表面；（b）严重锈蚀部位涂矿脂防蚀膏

5. 缠绕矿脂防蚀带

矿脂防蚀膏涂抹完毕后，接着在表面缠绕矿脂防蚀带，要求缠绕矿脂防蚀带有 50%的叠加量。

对于规则的直管钢桩,进行缠绕时,起始处首先缠绕两层(重叠),然后依次搭接 1/2。缠绕时稍用力将矿脂防蚀带拉紧铺平,将里面空气压出。对于垂直钢桩一般采用由下至上的方式进行缠绕。特别是在平均中潮线以下需要带水作业时,应在水中自上而下涂抹好矿脂防蚀膏后,立即自下而上缠绕矿脂防蚀带至无水区(图 5-11)。

图 5-11 现场缠绕矿脂防蚀带过程

缠绕时,应用手拉紧、铺平矿脂防蚀带,保证被缠绕处无气泡出现。保证钢桩各处均有 2 层以上矿脂防蚀带覆盖。必要时可以缠 3 层以上。在水中缠绕的矿脂防蚀带若因海况和其他原因不能立即安装玻璃钢护套时,应用外束缚方式将矿脂防蚀带固定,以防止海浪和海流冲击脱落(图 5-12)。

图 5-12 钢桩缠绕矿脂防蚀带后的效果图

6. 安装预制玻璃钢防蚀保护罩

对于钢桩结构的直管、横管规则等结构,安装预制玻璃钢防蚀保护罩时,施工方法略有不同,具体操作要点如下所述。

（1）立管玻璃钢防蚀保护罩的安装：用于立管的预制玻璃钢防蚀保护罩衬里的一端应比外壳短 10mm，安装时，密封缓冲层短 10mm 端向上（即有槽处向上），并同时在玻璃钢防蚀保护罩对接处安装同材质的厚度为 1～2mm 的密封挡板，以防止外部海水自两片玻璃钢防蚀保护罩连接处渗入。最后将两片玻璃钢防蚀保护罩用不锈钢螺栓紧固。

（2）横管玻璃钢防蚀保护罩的安装：用于横管的预制玻璃钢防蚀保护罩衬里的两端均应比玻璃钢防蚀保护罩短 10mm，为端部密封留出空间。先安装上面的玻璃钢防蚀保护罩半壳，再在外壳接合处放置密封挡板，然后安装下面的玻璃钢防蚀保护罩半壳，最后将两片玻璃钢防蚀保护罩用不锈钢螺栓紧固。

（3）交叉管玻璃钢防蚀保护罩的安装：一般是首先安装好横管的玻璃钢防蚀保护罩，然后安装立管的玻璃钢防蚀保护罩。现场根据钢结构的具体情况加工立管玻璃钢防蚀保护罩斜口，要求缺口处尽量与横管玻璃钢防蚀保护罩吻合，并在接合处使用水中固化型环氧树脂严格密封。

安装时，两片防蚀保护罩的接口处应充分压在玻璃钢密封挡板上，在紧固过程中不能出现密封挡板滑脱和移位漏出内部的矿脂防蚀带的现象。密封挡板的两端应与玻璃钢护套中的密封缓冲层齐平。

在安装螺栓时，要对准螺丝洞口的位置，经检查位置正确后，才能上紧螺丝。紧固时应注意使玻璃钢护套的密封受力均匀，以防止因局部应力过大造成玻璃钢护套的变形和法兰密封边破裂。由于海浪的拍打和玻璃钢护套应力的自释放作用，玻璃钢护套的螺栓会逐渐变松，应再次紧固玻璃钢护套。一般情况下，一周内需紧固 3 遍。防蚀保护罩的安装施工如图 5-13 所示。

图 5-13　安装固定预制玻璃钢防蚀保护罩

7. 玻璃钢防蚀保护罩的端部密封

为了使安装的玻璃钢防蚀保护罩两端不被海水侵入，需要使用水中固化型环

氧树脂密封。将水中固化型环氧树脂组分 A 和组分 B 按 1∶1 比例在水中充分用
手糅合，当颜色均匀时，树脂即已配好。利用水中固化环氧树脂填满玻璃钢防护
罩顶部凹槽处（约 10mm）并外延 10～20mm。环氧树脂填完后外延部分应保持
坡面，以利于溅上的海水和雨水的滑落，避免积水。另外，对上下两片玻璃钢防
蚀保护罩的接头处同样采用水下固化环氧树脂密封，防止海水侵入，如图 5-14 和
图 5-15 所示。

图 5-14　端部密封处理　　　　　图 5-15　玻璃钢接头处密封处理

5.2.2　节点结构的施工工艺过程

　　复层矿脂包覆技术，不仅适用于具有直管结构的钢结构物防腐修复，同样适
用于具有复杂节点的钢结构物防腐修复。复杂节点包括 Y 型、T 型、K 型、十字
型及其他不规则结构的节点。

　　对于复杂节点，采用现场制作玻璃钢防蚀保护罩的方法。对于同时具有复杂
节点和直管结构的钢结构设施，通常先现场制作玻璃钢防蚀保护罩，然后安装预
制玻璃钢防蚀保护罩，这样可以保证连接处的密封性。图 5-16 列出了复杂结构的
工艺流程图。

　　节点处的表面处理、涂刷矿脂防蚀膏等施工工艺过程和要求与直管结构的相
同。但对于节点处通常腐蚀更为严重，表面处理应更为彻底。

　　在节点处也要缠绕粘贴矿脂防蚀带。将矿脂防蚀带剪成合适的长度，将其逐
段缠贴在节点处，必须保证各处至少两层。

　　节点处用矿脂防蚀带缠好后，缠绕一层无纺布或使用毛辊直接将配制好的不
饱和聚酯树脂均匀涂刷在无纺布上，然后将剪成合适大小的短切毡贴上，再涂不
饱和聚酯树脂，用钢辊滚压，赶出其中的气泡，同样方法涂刷和粘贴各层。不
饱和聚酯树脂可使用调配好颜色的树脂。制作的玻璃钢防蚀保护罩端部应超过
矿脂防蚀带层 70mm 以上，以方便与预制玻璃钢防蚀保护罩的对接，如图 5-17～
图 5-20 所示。

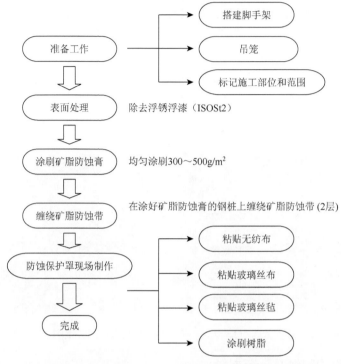

图 5-16　节点结构复层矿脂包覆防腐技术施工流程

图 5-17　复杂节点处的缠绕矿脂防蚀带

图 5-18　节点处玻璃钢防蚀保护罩制作完成

图 5-19　海洋平台钢桩节点处玻璃钢防蚀保护罩制作完成

图 5-20　国外海洋钢结构复层矿脂包覆技术施工

现场制作防护罩时，应注意涂刷树脂只能从上向下涂刷，不能往返滚涂。玻璃钢专用颜料为液体糊状，加入即与不饱和聚酯树脂互溶，手工搅匀即可，一般加入比例不超过 5%，同时保证颜料与不饱和聚酯树脂匹配。清洗剂使用丙酮，但严禁在不饱和聚酯树脂中加入丙酮。

不饱和聚酯树脂固化时间较短，施工时可先剪好短切毡，保证在不饱和聚酯树脂固化之前将短切毡粘好。短切毡可以用手撕而不用剪刀剪，这样可以保证搭界处短切毡搭接良好。树脂固化前，避免与海水接触，否则会导致固化不良。

现场制作玻璃钢防蚀保护罩的饱和聚酯树脂尚未完全固化时，进行直管处预制玻璃钢防蚀保护罩与现场制作的玻璃钢防蚀保护罩搭接安装。预制玻璃钢防蚀保护罩应压在现场制作的玻璃钢防蚀保护罩外部，与其重叠 50mm，在重叠处的凹槽中填满水中固化型环氧树脂，并呈坡状外延 10～20mm，密封防水。

现场制作的玻璃钢防蚀保护罩的颜色可以根据实际工程环境的需要进行调配。例如，如果要对海洋石油平台的钢桩进行包覆保护，其外壳的颜色要接近平台的橘红色，此时可以通过调配不同比例的红色和黄色玻璃钢颜料来达到要求。

5.2.3　保护效果试片的安装

根据设计图纸需要安装检测试片的钢桩，确定安装保护试片用试验窗螺栓的焊接位置，并焊接试验窗螺栓，并注意试验窗口方向，要便于安装和检测。确定 5 个测厚点位置，并测量记录表面处理后所保护钢桩管壁厚度。

放置试片的目的是通过比较保护试片和未保护试片的腐蚀速率，确定此方法防止钢桩等设施腐蚀的效果。试片分为保护试片和用于对照试验的未保护试片。在预制的玻璃钢防蚀保护罩上预留试验窗用于保护试片的安装。一个浪花飞溅区包覆防腐工程根据钢桩所处腐蚀环境在具有代表性的 1～2 个钢桩上安装检测试片来评价该技术的保护效果。未保护试片则要求安装在与保护试片高度相同的附近位置上。保护试片和未保护试片可以定期取样，通过外观检测和失重法等来检验腐蚀防护效果。图 5-21 是保护试片和未保护试片的安装工艺流程图。

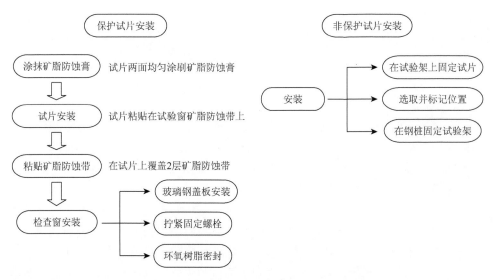

图 5-21　保护试片和未保护试片的安装工艺流程

　　试片采用与钢桩同材质钢材，预先加工好保护试片和未保护试片。保护试片线尺寸为 50mm×20mm×1.2mm。

　　（1）安装位置：保护试片粘贴在试验窗第一、二道螺栓中间的位置，如图 5-22 所示。

　　（2）保护试片的安装：首先在试验窗防蚀带上涂抹一层防蚀膏，将试片（一般三个平行样）竖直平行粘贴在矿脂防蚀带上，试片表面再涂抹一层矿脂防蚀膏。将 14cm×14cm 的矿脂防蚀带，粘贴到该组保护试片上。必须覆盖两层，压紧贴实。所有保护试片安装完毕后，安装试验窗口外盖，安上玻璃钢螺丝帽，拧紧固定结实。试验窗口四周孔隙处，涂上水中固化环氧树脂进行密封。

　　（3）未保护试片的安装：未保护试片尺寸为 140mm×25mm×3mm，两端有直径 8mm 的孔，以备固定之用。两端及背面用重防腐涂料封固，工作面为 90mm×25mm 面。将未保护试片，两块为一组，用 U 形架和绝缘板等固定到相应位置处。安装位置与保护试片的位置相对应，要求二者在同一水平高度。试片边缘处用水中固化型环氧树脂密封。图 5-23 是未加保护试片安装后的照片。

图 5-22　保护试片安装和试验窗的外观　　　图 5-23　未保护试片安装后的照片

5.3　复层矿脂包覆防腐技术在海洋石油平台上的应用

5.3.1　新建海洋石油平台

1. 渤海某井组新建平台概况

渤海某新建石油平台由基础部分和上部平台两部分组成。基础部分由导管架和钢管桩两部分组成。导管架采用四腿导管架形式，主导管采用 $\phi 1354 \times 40mm$ 钢管，呈正四边形布置。在标高 3.5m、–4.0m 处设加强段，采用 $\phi 1382 \times 40mm$ 钢管。平台导管架浪花飞溅区和海洋潮差区腐蚀防护设计采用复层矿脂包覆防腐技术。施工部位处于浪花飞溅区和海洋潮差区部位共 6m（EL+4.000～EL–2.000）的区域，施工具体位置为：导管架四根竖直桩腿，两根水平支撑，两根半斜支撑，一根电缆护管及其电缆护管支撑，其中电缆护管的施工长度为 7m（图 5-24）。此部分的设计使用寿命为 30 年。

2. 技术施工

该平台为新建平台，平台下水之前在陆上进行复层矿脂包覆防腐技术的施工。该平台在施工前已经进行了喷砂除锈处理，并且刷上了一层环氧富锌底漆，表面比较光滑，利于涂抹矿脂防蚀膏和缠绕矿脂防蚀带。施工步骤按照施工工艺进行。

1）桩腿部分施工

该新建平台的结构具有很多复杂节点，采用预制玻璃钢防蚀保护罩安装不方便，因此该工程采用现场制作玻璃钢防蚀保护罩的方式。桩腿部分施工如图 5-25～图 5-27。

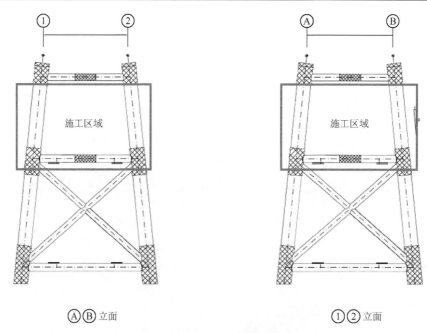

ⒶⒷ立面   ①②立面

图 5-24　施工平台导管架立面图

图 5-25　钢管桩腿涂抹矿脂防蚀膏

图 5-26　现场制作玻璃钢防蚀保护罩和缠绕矿脂防蚀带

图 5-27　现场制作的直管玻璃钢防蚀保护罩

（1）涂抹矿脂防蚀膏：导管架施工的部分已经过喷砂处理掉表层的锈层，并且喷涂一道环氧富锌底漆，表面比较平整，矿脂防蚀膏使用量较少即可以使其表面平整，达到要求。施工时将矿脂防蚀膏挤出来置于手掌，然后在表面上纵横涂抹均匀，用量为 $300g/m^2$ 左右。

（2）缠绕矿脂防蚀带：在涂抹好矿脂防蚀膏的基础上进行缠带，直管处进行缠绕时，起始处首先缠绕两层（重叠），然后依次搭接 55%。缠时稍用力将矿脂防蚀带拉紧铺平，缠绕好以后再用手按平，将里面空气压出，使其能与钢表面更好地结合；如果缠得不好，可以撕开重新缠好；在节点处等不规则地方，可粘贴矿脂防蚀带，将矿脂防蚀带剪成合适的长度贴好，但必须保证各处至少两层，必要时可以缠绕三层。

（3）制作玻璃钢防蚀保护罩：为了保护矿脂防蚀带不被破坏，同时保证防护体系的密封性，必须现场制作玻璃钢防蚀保护罩。整个玻璃钢防蚀保护罩的制作需连续完成，在前一道树脂固化前完成下一道工序。

2）K 型节点部分施工

在 K 型节点钢管上涂抹矿脂防蚀膏和缠绕矿脂防蚀带的施工可参见前面的节点结构的施工工艺，直立的 K 型节点钢管制作玻璃钢防蚀保护罩时，应首先制作好 K 型节点与直管交叉的根部处的玻璃钢防蚀保护罩，压紧赶除玻璃纤维间的气泡。节点施工结束后效果图如图 5-28 所示。

3）横撑（直管）部分施工

在横撑钢管上涂抹矿脂防蚀膏和缠绕矿脂防蚀带可参见前面的直管结构的施工工艺，制作玻璃钢防蚀保护罩时应自钢管一端的上部开始，沿顺时针螺旋状逐渐向另一端糊制，压紧赶除不同玻璃纤维间的气泡，以减少防止糊制过程中的不饱和树脂流淌。横撑部分施工完成后效果图如图 5-29 所示。

图 5-28　K 型节点施工结束后效果

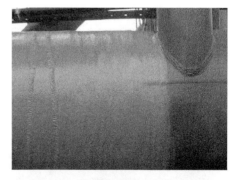
图 5-29　横撑部分施工完成后效果

4）管卡基座施工

管卡基座是焊接在管卡与平台导管架钢桩之间的结构。此部分构造较为复杂，应当采取和导管架略有不同的方式进行包覆。首先在导管架钢桩涂抹矿脂防蚀膏和缠绕矿脂防蚀带时,应同时在连接的管卡基座上涂抹矿脂防蚀膏和缠绕矿脂防蚀带,并把矿脂防蚀带裁剪成长度合适的长条进行粘贴压紧。制作玻璃钢防蚀保护罩时,玻璃丝布和表面毡需要用小块的进行粘贴,以减少褶皱,涂刷树脂稍多刷一些;加强板最后处理,该部位需要采用更严格的施工工艺,一定要保证密封(图 5-30)。

5)保护试片安装

电缆护管在右上桩腿的外侧,施工的部位有四根支撑连接在桩腿上,在每根支柱上放置三块试片,试片放置在第一层做好的玻璃钢防蚀保护罩上,然后涂抹矿脂防蚀膏和缠绕矿脂防蚀带(外层),外层再做一层玻璃钢防蚀保护罩进行保护(图 5-31)。

图 5-30　管卡处施工效果图　　　　　　图 5-31　有保护试片的电缆护管

6)施工完毕后整体效果图

施工完毕后整体效果图如图 5-32 所示。

(a)　　　　　　　　　　　　　　　　(b)

图 5-32　新建平台施工完毕后效果图

(a)正视图;(b)侧视图

5.3.2　现役海洋石油平台

1. 渤海某单井平台腐蚀概况

某单井平台位于黄河入海口的渤海埕岛浅海海域，海水中悬浮物、溶解氧、细菌微生物含量较高，受海上气候条件影响，所处环境条件变化较大。受黄河水的影响，海水含沙量大，海流速度也较大，在潮汐的作用下，含沙海水对海上钢铁构筑物（如平台桩腿）产生磨蚀。在冬季受流冰影响，流冰也会对钢结构造成破坏，该海域的海洋石油平台相对于其他海域的平台处于更严酷的腐蚀环境中。

平台平均设计水深为 10.0m；设计使用寿命为 15 年，已运行 10 年。其基础部分由导管架和钢管桩两部分组成。导管架采用三腿导管架形式，导管架、桩等采用 D32 钢，其余采用 Q235A 钢，原始壁厚为 20mm。根据平台结构和各部位的标高尺寸，平台甲板以下部分分布在浪花飞溅区、海洋潮差区和海水全浸区。平台全貌及其浪花飞溅区和海洋潮差区部分参见图 5-33。

平台海水和海泥中的导管架采用铝合金牺牲阳极进行阴极保护，铝合金牺牲阳极采用 56kg 重的 Al-Zn-In 系合金牺牲阳极，牺牲阳极共 45 根总重 2520kg。海水中保护电流密度 70mA/m^2，海泥中保护电流密度 30mA/m^2。水下阴极保护电位值在 -800~-1000mV（相对于 Ag/AgCl 电极）左右，均在保护电位范围之内，而且分布基本均匀，说明阴极保护系统运转正常。该海域主要的大型附着生物为大室膜孔苔虫，其次为牡蛎、苔虫、水螅、藤壶，最大附着厚度可达 30~35cm。

平台浪花飞溅区和海洋潮差区采用 YJ06 底漆、HS 厚浆性防腐漆和玻璃布增强厚浆型环氧沥青防腐漆加强级的涂层配套结构。对水下 2m 至平台甲板区域内的钢质结构，在上述防腐层上再涂三道 HJ04-1 面漆以提高涂层的耐干湿交替性

图 5-33　平台全貌及平台浪花飞溅区和海洋潮差区部分

能。但经检测发现，平台桩腿浪花飞溅区和海洋潮差区的涂层脱落，出现明显的锈蚀和海生物附着，局部保护层下腐蚀严重，出现鼓包和保护层破损现象。节点处和与其他结构连接处出现明显的大面积腐蚀和局部腐蚀。

井口套管由于没有进行任何保护，锈蚀十分严重，除去锈层后，发现钢管表面布满半径大小不一的蚀坑，蚀坑最大深度为5mm左右，钢桩壁厚由原来的20mm减薄到9mm（图5-34）。

图 5-34　井口套管的腐蚀状况

2. 技术施工

1）工程设计

确定的施工高度由平均低潮线以上 0.5～4m。主要钢管桩包括 ϕ243mm、ϕ600mm 的水平横管，ϕ700mm 的钢管桩和 ϕ1030mm 的导管架。

图5-35是海洋平台防腐工程的施工设计方案。根据施工图纸，预先加工好玻璃钢防蚀保护罩。计算所需的矿脂防蚀膏和矿脂防蚀带数量，准备好相关的施工材料。在以上基础上，根据具体海况，实施现场施工。

2）搭建脚手架

本工程采用了搭建固定脚手架的方法进行施工，要施工的导管架范围从平均低潮线以下+0.5m 左右到浪花飞溅区部位(+3.0m)，脚手架搭于平均低潮线+0.5m，两层，每层 2m 高。用钢管和脚手架钢踏板搭好施工脚手架，卡紧连接钢箍，在需上下移动地方吊装挂梯。脚手架的钢结构不得与需要进行包覆施工的平台钢结构接触，并留出施工需要的空隙（图5-36）。

3）表面处理

首先对大面积防腐部位用喷砂处理，其他部位采用手工除锈，中间的井口套管锈蚀较严重，先用锤子把浮锈敲掉，然后用钢制铲刀将节点处浮锈鼓包去除。海洋潮差区部分附着海生物主要是海蛎子，用钢铲铲除；附着的海藻等用钢刷和粗砂纸清除（图5-37）。

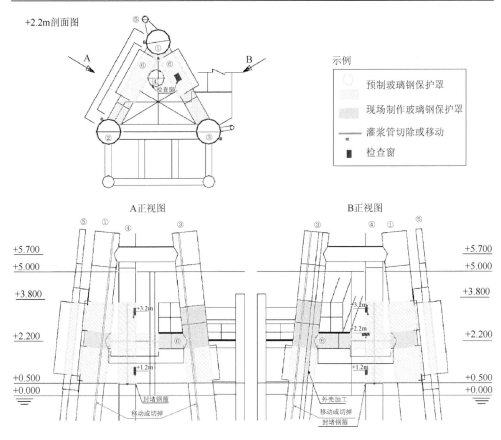

图 5-35　海洋平台防腐工程的施工设计方案

图 5-36　搭建脚手架

图 5-37　清除附着的海生物的表面状态

4）涂抹矿脂防蚀膏

由于是海上作业，要考虑海水的涨落潮时间，对选定的直立钢桩进行包覆施工时，应在海水基本落潮后，按照工艺要求，由上而下涂抹矿脂防蚀膏，特别要注意在不光滑的表面一定要填满蚀坑和缝隙，并对与之连接的横撑钢管或管卡部位进行涂敷矿脂防蚀膏，保证矿脂防蚀膏在钢桩表面形成一层完整的保护层。对于横撑的钢管表面涂抹矿脂防蚀膏时，应在直立钢桩整体施工完成后进行（图5-38）。

(a)　　　　　　　　　　　　　　　　(b)

图 5-38　涂抹矿脂防蚀膏

（a）腐蚀比较轻微；（b）井口套管（表面蚀坑十分严重）

5）缠绕矿脂防蚀带

对于直立钢桩，特别是在平均中潮线以下的部分，要在涂敷完矿脂防蚀膏后马上按照工艺要求，由下往上缠绕矿脂防蚀带，在海水涨潮前必须完成缠带工作。若不能马上安装预制玻璃钢防蚀保护罩，可用绳索缠绕固定矿脂防蚀带，以防被海浪冲击滑脱。在与横撑或管卡连接处，缠绕矿脂防蚀带时，应尽量拉紧缠带并保证整体缠绕，同时缠绕一段连接的需要保护的横撑或管卡。对于横撑钢管应自左向右沿一个方向缠绕，以方便施工为宜（图5-39）。

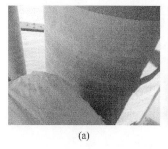

(a)　　　　　　　　　　(b)　　　　　　　　　　(c)

图 5-39　缠绕矿脂防蚀带

（a）导管架钢桩缠矿脂防蚀带；（b）平台立管缠矿脂防蚀带；（c）导管架横撑缠矿脂防蚀带

6）预制玻璃钢防蚀保护罩安装

对于平台的预制玻璃钢防蚀保护罩安装，应首先安装横撑的预制玻璃钢防蚀保护罩，然后安装直立钢桩的预制玻璃钢防蚀保护罩，若二者有接触，可以割去接触处的部分直立钢桩的预制玻璃钢防蚀保护罩，以便整体安装横撑的预制玻璃钢防蚀保护罩，并对接触处使用水中固化环氧树脂进行封堵（图 5-40 和图 5-41）。

图 5-40　平台立管和井口套管的预制玻璃钢防　　　图 5-41　导管架直桩玻璃钢防蚀保护罩
　　　　　蚀保护罩安装　　　　　　　　　　　　　　　　　　　安装

7）现场制作玻璃钢防蚀保护罩

现场制作玻璃钢防蚀保护罩，用于在平均高潮线以上的平台节点、护栏、管卡等复杂结构，具体施工工艺参考 5.2.2 节。若与预制玻璃钢防蚀保护罩搭接，应在完成现场制作玻璃钢防蚀保护罩后，再安装预制玻璃钢防蚀保护罩。主要搭接处一定要符合工艺要求（图 5-42）。

图 5-42　现场制作玻璃钢防蚀保护罩

8）试片安装

（1）保护试片的安装：保护试片按 5.2.3 节安装，完工后的照片如图 5-43所示。

图 5-43　安装保护试片

图 5-44　安装未保护试片

（2）未保护试片的安装：将试片安装到绝缘板上，三块为一组，试片边缘处用水中固化型环氧树脂密封。

将各组试片用 U 形架固定到电缆护管相应位置处；安装位置与保护试片的位置相对应，要求在同一水平高度，距平均低潮线的高度分别为+3.2m、+2.2m。未保护试片应与钢桩绝缘，如图 5-44 所示。

9）施工完成后平台状况

本工程是中国科学院海洋研究所与日本中防防蚀株式会社在胜利油田现场共同进行施工的。图 5-45 是施工完成后的照片，图 5-46 和图 5-47 分别是施工完成后 6 个月和 36 个月的照片。

图 5-45　复层矿脂包覆防腐技术施工完成后照片

图 5-46　复层矿脂包覆防腐技术施工后 6 个月　　图 5-47　复层矿脂包覆防腐技术施工后 36 个月

10）防护效果评价

复层矿脂包覆防腐技术工程完成 4 年后，对保护效果进行了检验。将试验窗外盖打开，揭去两层缠带，露出保护试片，对其进行拍照。取出试片，用预先剪好的缠带包好，放入样品袋。图 5-48 为保护试片的照片。图 5-49 为未保护试片的照片。

图 5-48　保护试片　　　　　　　　图 5-49　未保护试片

在实验室将保护试片放入石油醚中清洗两次，洗去表面的油脂。图 5-50 为洗去油脂的保护照片形貌，其中 P1～P3 的安装位置在平均低潮线以上 3.2m 处，P7～P9 的安装位置在平均低潮线以上 2.2m 处。可以看出，保护试片部分位置发生了轻微的腐蚀，试样大部分面积仍保持光亮如新。未保护试片 C1、C2 安装位置+3.3m，C3、C4 安装位置+2.2m，未保护试片腐蚀相当严重，试片表面覆盖了一层厚厚的红褐色腐蚀产物（图 5-51）。

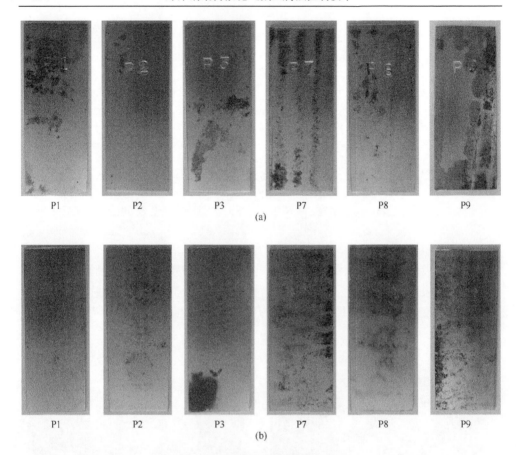

图 5-50 清洗后保护试片形貌

（a）保护试片正面；（b）保护试片背面

图 5-51 未保护试片腐蚀形貌

　　参考 GB/T 16545—1996《金属和合金的腐蚀-腐蚀试样上腐蚀产物的清除》的标准方法，对试片进行处理，根据试样在腐蚀前后的质量变化来测定腐蚀速率。图 5-52 为保护试片酸洗后形貌。

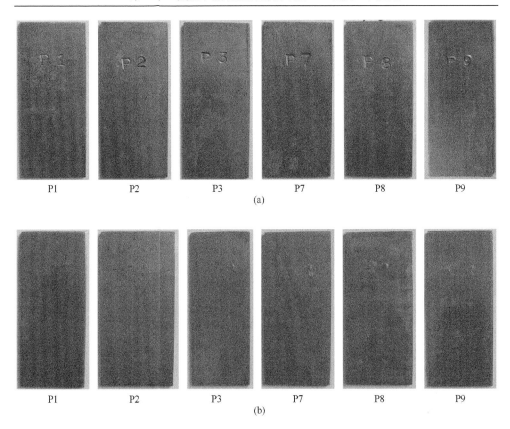

图 5-52　酸洗去锈后保护试片形貌

（a）正面；（b）背面

表 5-1 列出了 4 年周期的腐蚀速率及缓蚀率：

表 5-1　腐蚀速率及缓蚀率

安装位置	未保护试片/(mm/a)			保护试片/(mm/a)			缓蚀率/%
	编号	腐蚀速率	平均值	编号	腐蚀速率	平均值	
+3.2m	C1	0.3087		P1	0.0007		
	C2	0.3117	0.3102	P2	0.0006	0.0008	99.7
				P3	0.0011		
+2.2m	C3	0.3183		P4	0.0015		
	C4	0.3237	0.3210	P5	0.0024	0.0015	99.5
				P6	0.0018		

总体来说，在不同位置的两组保护试片的腐蚀速率大大降低，降低了 2 个数量级，缓释率在 99.5%以上。也就是说，经过 4 年的实海检验，复层矿脂腐蚀防护与修复技术防止钢铁结构物在浪花飞溅区的腐蚀是非常有效的，该技术可以对浪花飞溅区钢铁结构物进行良好的保护，大大延长了钢铁结构物的使用寿命。

渤海单井海洋石油平台钢桩浪溅区复层矿脂包覆防腐修复技术示范工程证实这种防腐方法施工时钢桩表面不需进行高级处理，水下施工方便（必要时，可以请潜水员进行水下施工），不受环境限制。经过 4 年多的实际应用证明该防护技术具有良好的耐冲击性能，防护效果优异。

5.4　复层矿脂包覆防腐技术在海洋码头工程上的应用

5.4.1　黄海某码头钢桩

1. 码头工程概况

复层矿脂包覆防腐技术是一种针对现役海洋码头浪花飞溅区钢结构修复开发的长效防腐技术，本节将重点介绍该技术对黄海某现役码头修复施工过程。该修复施工码头位于青岛市胶州湾，所处海域海水盐度约为 32‰，平均海水流速 1.5m/s，平均波高 3.5m，平均海平面 2.46m，平均高潮线 3.85m，平均低潮线 1.08m，设计高水位 4.32m，设计低水位 0.47m。

该码头墩台采用直径 1200mm 钢管桩，码头平台及引桥采用直径 1000mm 的钢管桩，钢管桩材质为 Q345B。根据码头结构和钢管桩各部位的标高尺寸，该码头属于海洋环境下固定式钢质结构，钢管桩处于浪花飞溅区、海洋潮差区、海水全浸区和海底泥土区四个腐蚀区带。码头运营 4 年后，经检测，部分钢管桩在浪花飞溅区和海洋潮差区部位出现了大面积的涂层脱落和海生物附着，局部保护层下腐蚀严重，形成了大量腐蚀坑，这威胁着码头的安全运行与长期使用。码头现场照片见图 5-53，码头钢桩锈蚀状况和海生物附着情况见图 5-54。

图 5-53　码头现场

图 5-54　钢桩锈蚀状况和海生物附着情况

2. 技术施工

1）施工设计

根据码头现场钢桩腐蚀状况和潮汐情况，确定包覆范围为平均低潮线至钢桩顶部位。该海域平均低潮线约为+1.0m，码头墩台桩顶设计标高为+5.0m，确定墩台包覆长度为 4.0m；引桥横梁支撑钢桩顶设计标高为+6.0m，确定其包覆长度为 5.0m。为方便现场安装及运输过程，通常防蚀保护罩单段长度不应大于 3.0m。因此，本工程防蚀保护罩分别由两段长度 2.0m 和 2.5m 长保护罩对接组成。

防蚀保护罩下部安装支撑卡箍，通常情况，支撑卡箍采用水下焊接技术，将其焊接到钢桩表面。但本工程施工码头主要装卸化工液体，严禁烟火，电焊作业会影响码头正常营运。因此，本工程设计不采用形成明火的电焊作业方法，而是采用水下螺栓紧固支撑卡箍方案，支撑卡箍外观如图 5-55 所示。

在施工工期安排方面，为了检验复层矿脂包覆防腐技术施工对不同季节的适应性，设计将本工程分为两期完成。一期施工为冬季 12 月份，平均气温为−5℃，最低气温−8℃；二期施工为夏季 7～8 月份，平均气温为 30℃，最高温度 35℃，分别考验严寒冬季和炎热夏季的可使用性。

2）搭建作业平台

根据该施工码头墩台和横梁跨度不大且墩台有系缆柱和脱缆钩的具体情况，本工程采用手动升降式吊篮搭建作业平台。吊篮通

图 5-55　水下螺栓紧固支撑卡箍
钉子处为紧固螺丝

过船舶或吊车现场安装，吊篮之间固定木板和竹排以便于施工，吊篮通过手动葫芦上下移动。吊篮可根据施工进度要求自行升降，不必等候潮差施工作业，可大大提高施工进度。此外，施工人员站在吊篮和木板构成的工作面上施工作

业，不必上下攀爬，受海浪影响较小，大大提高了作业安全系数和工作效率；悬挂式吊篮可有效节省空间，并可自由移动，便于大尺寸防蚀保护罩的安装。施工过程中，需要单独安装安全绳，作业人员安全带必须系在安全绳上，切勿固定在吊篮上，以防吊篮因外力落水，殃及施工人员。吊篮及现场安装图片见图 5-56。

　　3）钢桩表面处理

　　现役码头钢桩的表面处理可使用铲刀（图 5-57）和电动工具除锈（图 5-58）。铲刀可轻易除去钢桩表面海生物附着和附着力较差涂层，对于大面积表面处理和附着力较好的涂层可采用电动工具处理，表面处理等级达到 ISO St2 标准即可。施工时应特别注意节点和焊缝部位的除锈质量，且处理后的钢桩表面不能有 10mm 以上的突出物。钢桩表面水、油污不影响后续施工质量和保护效果。现场除锈后钢桩表面状况如图 5-59 所示。

图 5-56　吊篮及现场安装

图 5-57　铲刀除锈　　　　　　　　　图 5-58　电动工具除锈

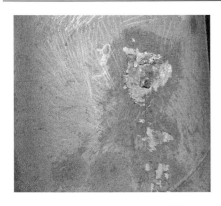

图 5-59　除锈后钢桩表面状况

4）安装支撑卡箍

表面处理完成后可安装防蚀保护罩下端支撑卡箍。每对支撑卡箍由两个半圆组成，对接之间预留足够空隙，用于紧固。每个半圆卡箍上至少要钻 3～4 个固定孔，以便安装固定螺栓。根据设计确定包覆位置，现场标记后，可进行支撑卡箍安装，即将两个半圆卡箍用螺栓紧固，再在卡箍相应的固定孔上安装固定螺栓，起到双重紧固卡箍的作用。支撑卡箍安装情况如图 5-60 所示。

图 5-60　安装支撑卡箍

5）涂抹矿脂防蚀膏

矿脂防蚀膏可使用手工涂抹。当作业温度较低时，使用前可先对矿脂防蚀膏加热，使用时利用塑料刮板进行涂抹。常温或夏季高温作业时，可直接手工涂抹矿脂防蚀膏，也可使用刮板。涂抹时遵循少量多次原则，每次取 20～30g 矿脂防蚀膏，先预先涂覆在表面处理完的钢桩表面，然后手工或利用工具使其在钢结构表面分布均匀，形成连续保护膜层。作业时应注意，空隙和凹凸不平的部位可用矿脂防蚀膏抹平。矿脂防蚀膏用量为 300～400g/m²，钢桩涂抹矿脂防蚀膏后状况如图 5-61 所示。

6）缠绕矿脂防蚀带

钢桩涂抹矿脂防蚀膏后应立即缠绕矿脂防蚀带，以避免海浪对矿脂防蚀膏的冲刷。对于垂直结构的钢桩采用由下至上的方式进行缠绕。由支撑卡箍处（标高+1.0m）沿钢桩向上螺旋缠绕，直至钢桩顶部。缠绕时应用力将矿脂防蚀带拉紧铺平，将里面的空气压出。两层矿脂防蚀带要保持 50%以上的重叠；每卷矿脂防蚀带接头处的头尾重叠宽度要求大于 150mm。矿脂防蚀带缠绕效果如图 5-62 所示。

图 5-61　涂抹矿脂防蚀膏后状况　　　　　图 5-62　缠绕矿脂防蚀带

7）安装防蚀保护罩

根据码头钢桩尺寸及包覆范围，防蚀保护罩在工厂预制成型，然后运输至现场进行安装。矿脂防蚀带施工完毕后，即可安装防蚀保护罩。防蚀保护罩可由下向上安装，防蚀保护罩与矿脂保护带之间要安装密封缓冲层，以减弱外界撞击对钢桩的冲击与破坏。两片防蚀保护罩之间需安装防渗挡板。防蚀保护罩安装时要对准螺栓孔的位置，避免错位，待检查位置正确后，可采用专用工具紧固螺栓，螺栓需要隔天再次紧固。螺栓紧固时应注意上紧的顺序及扭力矩大小，推荐的最大扭力矩为 25N·m。防渗挡板材质与防蚀保护罩相同，但厚度仅为 1～2mm，确保其在提供良好阻隔性能的同时保证有一定的柔韧性。防渗挡板安装时预涂矿脂防蚀膏，以便于定位和提高其防护效果。防蚀保护罩安装过程如图 5-63 所示。

8）试片安装

当需要检测复层矿脂包覆防腐技术防护效果时，可在特定位置的防蚀保护罩上预先制作用于安装保护试片的试验窗。在防蚀保护罩安装完毕后，可将保护试

图 5-63　防蚀保护罩安装过程

片预埋于试验窗中,然后用特制螺栓将试验窗外壳安装并密封,具体过程如图 5-64 和图 5-65 所示。未保护试片完全与钢桩绝缘,放置于自然环境中,高度和保护试片相同。工程完成后,可根据试验计划安排在 5~10 年后,无需打开整片防蚀保护罩即可对比复层矿脂包覆防腐技术对试片的对比保护效果。

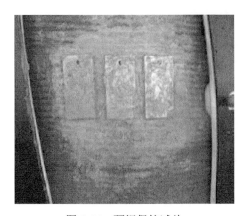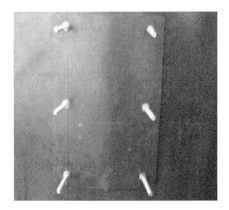

图 5-64　预埋保护试片　　　　　　　图 5-65　试验窗安装后外观

9）端部密封

　　为了使垂直安装防蚀保护罩两端和两段防蚀保护罩搭接处不被海水浸入,需要在这些部位采用水中固环氧树脂密封。水中固化环氧树脂密封后应形成一定坡度,以利于溅上的海水和雨水的滑落,避免积水。端部密封和搭接部位密封如图 5-66 所示。

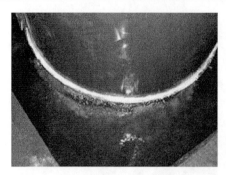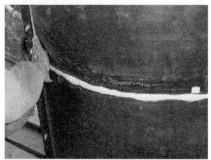

图 5-66　端部和搭接部位密封

10）完成

复层矿脂包覆防腐技术施工主要包括以上步骤，完工后的包覆效果可见图 5-67。

图 5-67　复层矿脂包覆防腐技术修复后钢桩外观

5.4.2　在跨海大桥海中平台工程中的应用

1. 某跨海大桥海中平台概况

某跨海大桥海中平台基础采用 298 根直径为 1.6m 的钢管桩加填芯钢筋混凝土

结构。过渡墩下设 12 根基桩。平台西侧设平台码头，基础钢管桩直径 1.5m 共 35 根，直径 1.0m 的钢桩共 4 根（施工桩为 3 根直径为 1.5m 的钢桩）。合计钢管桩 349 根，海中平台设计寿命 50 年。该海域属于强潮海湾，潮大流急，水域含沙量较多。平均水深 8～10m，施工桩处水深超过 25m。平均高潮线 2.52m，平均低潮线–2.12m。

调查发现，钢管桩上部锈蚀严重（图 5-68），特别是处于浪花飞溅区的变径处、焊接处和螺栓部位。因此，2013 年 10 月，对钢桩采取复层矿脂包覆防腐技术进行工程示范。

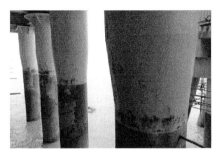

图 5-68　钢桩腐蚀情况

2. 技术施工

1）施工设计、搭建作业平台

该示范工程选取的施工桩位置如图 5-69 所示。

左一、二为斜桩，左三为直桩。复层矿脂包覆防腐技术包覆 6m，分为 2 段，已建脚手架距离混凝土厢梁底部约 1.7m，脚手架以下 4.3m；脚手架上部用钢丝绳拉住，承重有限，而且该海域潮差大，浪大流急，下部不适合再搭脚手架，因此主要采用滑板、吊笼方式施工，均须系安全绳，以保证施工人员安全。

2）钢桩表面处理、安装支撑卡箍

该平台钢桩表面附着的生物主要为藤壶，主要采用铁锹或者铲刀去除，即可达到复层矿脂包覆防腐技术的表面要求。钢桩表面水分及微小附着物不影响后续施工质量

图 5-69　海中平台施工桩的位置

和保护效果，如图 5-70 表面处理完成后安装防蚀保护罩下端的支撑卡箍，卡箍

上焊有牺牲阳极块，以避免卡箍的腐蚀。支撑卡箍在钢桩表面采用不锈钢螺栓进行紧固，如图 5-71 所示。

图 5-70　钢桩表面处理

图 5-71　安装支撑卡箍

3）涂抹矿脂防蚀膏、缠绕矿脂防蚀带

在处理好的钢桩表面涂抹矿脂防蚀膏，采用手工方式涂抹，可以利用刮板等工具。以少量多次原则涂抹，应在钢桩表面分布均匀，形成连续的保护膜层，在凹凸不平部位用矿脂防蚀膏抹平。矿脂防蚀膏的用量为 $300\sim400g/m^2$，如图 5-72 所示。

钢桩涂抹防蚀膏后应尽快缠绕矿脂防蚀带，因此矿脂防蚀膏的涂抹和矿脂防蚀带的缠绕应当分段反复进行，如图 5-73 所示。每段矿脂防蚀带的缠绕由下至上进行。缠绕时用力将矿脂防蚀带拉紧铺平，将内部的空气挤出，并完全隔绝空气。两层矿脂防蚀带要保持 50% 以上的搭接，以保证双层缠绕，如图 5-74 所示。矿脂防蚀带缠绕完成效果见图 5-75。

图 5-72　涂抹矿脂防蚀膏

图 5-73　分段缠绕矿脂防蚀带

图 5-74　压紧矿脂防蚀带　　　　　　　图 5-75　缠绕矿脂防蚀带后的效果图

4）安装防蚀保护罩、端部密封

防蚀保护罩的安装过程中，用绳索将玻璃钢罩从平台顶部拉到钢桩表面并进行初步固定，采用铁丝将保护罩捆住后，用钢筋进行定位，安装不锈钢螺栓螺母，如图 5-76 所示。

图 5-76　保护罩的初步固定和定位

两片保护罩之间要安装防渗挡板，防渗挡板具有良好的隔绝性能，如图 5-77 所示。在下部保护罩安装完成后，需要从底部将保护罩拉到上部进行安装（图 5-78），安装完成后，对螺栓进行紧固 2~3 次，如图 5-79 和图 5-80 所示。

图 5-77　安装挡板　　　　　　　　图 5-78　上部保护罩的安装

图 5-79　保护罩上下部分结合　　　　　图 5-80　紧固保护罩的螺栓

在保护罩上端和上、下两部分保护罩结合处采用水中固话环氧树脂密封,以保证整个体系的密封性,如图 5-81 所示,端部的水中固化环氧树脂密封后应形成一定坡度,避免水分的积聚;上、下保护罩应被环氧树脂完全密封,保证良好的隔绝密封效果,如图 5-82 所示。

5) 施工完成和 20 个月后的保护效果

复层矿脂包覆防腐技术施工主要包括以上步骤,完工后的效果如图 5-83 所示。2015年 6 月,对该示范工程的保护效果进行调研,从现场(图 5-84)来看,未采用该技术的钢桩表面海生物附着较为严重,而且已发生全面锈蚀。采用复层矿脂包覆防腐技术后,除少量海生物附着在已固化环氧和防蚀带表面外,其他部位保护效果良好。

图 5-81　保护罩端部密封　　　　　图 5-82　上、下保护罩结合部位密封

图 5-83　施工完成效果图　　　　　图 5-84　保护 18 个月后效果

5.4.3 福建某液化天然气码头

1. 码头设计概况

福建某液化天然气码头栈桥 343.32m，栈桥宽 12.5m，栈桥桩基为灌注桩及钢管桩。桩帽底高程为 8.65m，直径 1000mm 钢管桩，共 24 根，钢管桩所用材质选用 Q345B，钢管桩防腐涂层采用环氧体系。灌注桩直径 1500mm，36 根，材质选用 Q235B。钢管桩使用设计高水位 7.35m，设计低水位 0.78m，极端高水位 8.61m，极端低水位–0.06m。调查中发现，该栈桥钢桩的浪花飞溅区发生大面积腐蚀，情况非常严重，腐蚀深度最深达 11mm，一般在 5mm 以上，如图 5-85 所示。

图 5-85 栈桥码头腐蚀情况

2. 技术施工

1）搭建施工平台、表面处理

搭建作业平台，主要包括施工作业船和施工吊篮等。表面处理时，对腐蚀较轻部位，可保留原防腐蚀涂层，清理掉表面附着海生物，用钢丝刷除去表面残留物，对于出现点蚀的部位用钢丝刷打磨平整，如图 5-86 所示。对于腐蚀严重的部位，用铁锤将浮锈和鼓泡涂层全部敲掉，用砂轮机打磨除去浮锈和氧化皮，再用钢丝刷去除浮锈和灰尘，将表面打磨光滑平整，如图 5-87 所示。

图 5-86　清除表面附着海生物　　　　图 5-87　除去浮锈、鼓泡涂层和灰尘

2）涂抹矿脂防蚀膏、缠绕矿脂防蚀带

用手或刮板将矿脂防蚀膏在钢桩表面进行涂抹，光滑表面用量约 $300g/m^2$，锈蚀特别严重处约 $400\sim500g/m^2$。钢桩表面的凹坑和缝隙处用矿脂防蚀膏填满，突出物表面也应涂抹一层矿脂防蚀膏，使矿脂防蚀膏在钢结构表面均匀分布，形成一层完整的保护膜。缠绕矿脂防蚀带时，必须保证各处至少缠两层，必要时可以缠绕 3 层，如图 5-88 所示。在水中缠绕的矿脂防蚀带若因海况和其他原因不能立即安装防蚀保护罩时，应用外束缚的方法将矿脂防蚀带固定，以防止被海流冲击脱落。

图 5-88　涂抹矿脂防蚀膏、缠绕矿脂防蚀带

3）安装防蚀保护罩、端部密封

垂直安装防蚀保护罩（密封缓冲层需提前粘贴在防蚀保护罩内侧），并同时在防蚀保护罩对接处安装同材质的厚度为 $1\sim2mm$ 的密封防渗挡板，防止外部海水

自两片防蚀保护罩连接处渗入，最后将两片防蚀保护罩用不锈钢螺栓紧固。将两个端部用水中固化型环氧树脂填满防蚀保护罩两端并外延 10～20mm，起密封防水作用，如图 5-89 所示。

图 5-89　安装防蚀保护罩和挡板

4）保护效果试片的安装

如图 5-90 所示，根据设计确定需要安装检测试片的钢桩，同时设计安装保护试片用试验窗螺栓的焊接位置，并焊接试验窗螺栓，注意试验窗口方向，要便于安装和检测。放置试片的目的是比较保护试片和未保护试片的腐蚀速率，确定此方法的防腐蚀效果。试片分为保护试片和用于对照试验的未保护试片。未保护试片悬挂于与试验窗同等高度的螺栓上，且试片与螺栓绝缘。

图 5-90　保护试片的安装

5）安装支撑卡箍

防止防蚀保护罩在自身重力的作用下发生滑脱，需安装支撑卡箍。如图 5-91 所示，根据标记固定卡箍的位置，用电焊机将固定的卡箍焊接于钢桩上，焊接应均匀选择 4～6 个焊点。对于不允许动火作业的钢桩，可用顶紧螺栓将卡箍固定住。

图 5-91　安装支撑卡箍

6）潜水施工

复层矿脂包覆防腐技术一个优点是可以带水施工，该项目中的所包覆的钢桩长度达 2.93m，需要潜水施工，基本施工过程与水上部分相似，具体施工流程如图 5-92～图 5-95 所示，完成效果如图 5-96 所示。

图 5-92　表面处理

图 5-93　涂抹矿脂防蚀膏、缠绕矿脂防蚀带

为保证黏着效果，在矿脂防蚀带表面加涂一层矿脂防蚀膏

图 5-94　安装防蚀保护罩、加固螺栓

图 5-95　支撑卡箍定位、安装

图 5-96　施工完成后效果图

5.4.4　南海某码头钢桩

该 25 万吨级铁矿石码头位于我国南海海域，属不规则半日潮。该处码头钢管桩出现了局部腐蚀，如图 5-97 所示。虽然不是特别严重，但从长远看，浪花飞溅区部分的防腐问题必须引起足够重视，并采取相应保护措施，否则会影响其使用寿命。码头使用者也认识到这个问题，因此选择对钢桩进行复层矿脂包覆防腐技术的示范应用。

图 5-97　南海某码头钢管桩腐蚀情况

　　由于南海海域温度高，因此钢桩在此处的腐蚀相比于渤海、黄海等北方海域更加严重。针对该海域的气候和环境特点，我们选择适合较高温度和潮湿环境的与北方环境不同系列的矿脂防蚀膏和矿脂防蚀带，对该码头的部分钢桩进行了复层矿脂包覆防腐施工。

　　施工过程及施工完成后的效果图如图 5-98 所示。

图 5-98　施工过程和施工完成效果图

5.5　复层矿脂包覆防腐技术在其他工业领域的应用

　　复层矿脂包覆防腐技术是针对海洋腐蚀环境下钢结构浪花飞溅区腐蚀问题而

开发的新型长效防护技术，主要应用于港口码头钢管桩、钢板桩、海洋平台等结构浪花飞溅区部位的腐蚀防护，表现出优异的保护效果。该技术与常规涂层相比，在保护效果和后期维护难易程度方面都具有无可比拟的优越性。

除此之外，复层矿脂包覆防腐技术还可广泛应用于其他苛刻腐蚀环境钢结构的长效防护。随着对工矿企业腐蚀环境和设备设施腐蚀状况调查的深入，以及企业技术人员对防腐技术反馈信息的增多，人们发现处在海洋大气腐蚀环境和内陆工业环境下的众多设施，如钢结构物的复杂节点、管道阀门和焊缝、储罐底板等，均存在着常规防腐技术无法解决的腐蚀难题。腐蚀穿孔可以使燃气泄漏进而引发的爆炸等恶性事故严重威胁着煤气管线的安全运行，威胁着人民群众的健康和安全，必须引起足够的重视。

经过对复层矿脂包覆防腐技术的改进，该技术的应用已经拓展到滨海电厂、石油化工、燃气、煤矿、冶金、自来水工业等企业领域，对这些企业钢结构设施的关键部位进行有效的保护，能保证该设施的良好运行，并延长其使用寿命。

5.5.1　钢结构关键连接部位的防腐应用

钢结构具有自重轻、施工周期短、加工精度高、安装方便、回收利用率高等优点，在建筑工程中发挥着越来越重要的作用，很多大跨度场馆、高层建筑、火力发电厂的主厂房等大多采用钢结构建造。钢结构主体通常采用有机涂层和热浸镀锌等防腐措施，并可以在钢结构加工时在工厂内进行防腐施工；如严格控制其防腐施工质量和后期安装环节，基本都能满足设计防腐年限。然而，钢结构设施都存在着大量的连接部位，如螺栓连接处和焊缝。这些关键连接部位，大多是钢结构安装完成后现场进行防腐处理，其防腐效果受现场施工环境影响较大，对施工人员要求也较高。同时，由于大量的缝隙存在和应力集中，关键连接部位大多是钢结构防腐的难点和死角，也是钢结构最容易发生腐蚀的部位。本节将介绍利用复层矿脂包覆防腐技术对滨海电厂钢结构螺栓连接部位和钢网架连接球头进行修复的工程实例。

1. 滨海电厂钢结构腐蚀状况

电力工业是能源工业的重要组成部分，是维持国民经济稳定、健康发展的重要部门之一。在我国，火力发电仍是目前主要的电能生产方式。而可再生利用的承重钢结构越来越多地应用于电厂主厂房、锅炉和煤场等主要建筑结构。不同于内陆电厂，滨海电厂尤其是滨海火力发电厂的钢构筑物处于工业大气和海洋大气双重腐蚀环境中，腐蚀更为严重。

　　本工程依托的滨海电厂位于南海海滨，常年潮湿高温，空气含盐分高，电厂锅炉钢结构设施处于典型的海洋大气腐蚀环境。此外，电厂燃煤产生的 SO_2 等污染物也会加速钢结构的腐蚀。该滨海电厂钢结构在服役 3 年后即出现严重腐蚀，特别是螺栓连接部位和钢网架连接球头部位腐蚀情况更为严重（图 5-99 和图 5-100），如对其重新进行防腐处理，采用常规防腐涂层已无法进行有效的保护。通过对关键连接部位腐蚀状况和多种防腐技术适应性的分析，最终确定采用复层矿脂包覆技术对该部位进行防腐修复施工。

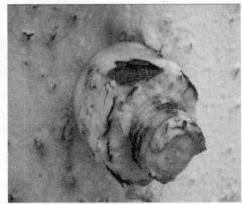

图 5-99　钢结构螺栓连接部位腐蚀情况

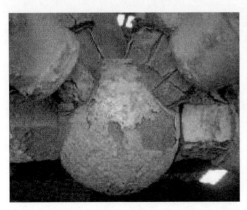

图 5-100　钢网架连接球头和杆件的腐蚀情况

2. 钢结构螺栓连接部位复层矿脂包覆防腐工程

　　复层矿脂包覆技术主要由矿脂防蚀膏、矿脂防蚀带和防蚀保护罩三部分组成，该技术采用优良的缓蚀剂成分和能隔绝氧气的密封技术，能有效阻隔水分子和各种腐蚀性离子的渗透，并能将一定程度的锈层转换为一层坚固的保护膜，同时起到转锈、阻锈和防护的效果，达到钢结构长效腐蚀的目的。

复层矿脂包覆技术的施工步骤包括标记作业区域、表面处理、涂抹矿脂防蚀膏、缠绕矿脂防蚀带、制作防蚀防护罩。

1）标记作业区域

现场施工时需要预先对现场作业区域进行标记，以确保施工正确的位置；并根据防腐设计要求，确定出现场施工范围，明确标记出各部位具体施工区域。

2）表面处理

根据现场施工条件和设备运行要求，钢结构表面处理方法可分为手工除锈、电动工具除锈和喷砂除锈。本工程主要采用电动工具除锈，对一些不便于除锈的部位和死角可辅助采用手动工具除锈。复层矿脂包覆技术对钢结构基材表面处理要求较低，表面处理等级达到 ISO St2 即可，如图 5-101 所示。

3）涂抹矿脂防蚀膏

矿脂防蚀膏可使用塑料刮板或直接用手涂抹，根据待防腐的钢结构表面积取一定矿脂防蚀膏进行预涂，然后手工将矿脂防蚀膏涂抹均匀，确保矿脂防蚀膏在钢结构表面均匀分布且达到一定厚度，无漏涂。涂抹矿脂防蚀膏的螺栓构件表面如图 5-102 所示。

图 5-101　处理后钢结构表面状态　　　　　图 5-102　涂抹矿脂防蚀膏

4）缠绕矿脂防蚀带

矿脂防蚀带采取分段搭接缠绕的方式包覆，两段矿脂防蚀带接头部位应搭接 50mm 以上，两层矿脂防蚀带搭接面积应超过 20%，缠绕应尽量用力将矿脂防蚀带拉紧铺平，并用压辊将矿脂防蚀带与钢结构基体间空气压出，使矿脂防蚀带紧密地缠绕在钢结构表面。缠绕矿脂防蚀带的螺栓构建表面如图 5-103 所示。

5）制作防蚀保护罩

防蚀保护罩采用不饱和聚酯树脂和增强玻璃纤维在现场手工制作，为确保防蚀保护罩的密封性能，保护罩应在矿脂防蚀带包覆范围上外延 50～100mm。不饱和聚酯树脂的固化时间需要根据现场温度和湿度进行配比试验确定，通常固化时间控制在 30min。防蚀保护罩制作过程中，要注意将纤维增强材料均匀平整铺在被包覆钢结构表面，不饱和聚酯树脂可采用毛刷和毛辊施工，应赶尽气泡并压实。防蚀保护罩制作完成前后对比见图 5-104。

图 5-103　缠绕矿脂防蚀带

图 5-104　防蚀保护罩制作前后对比

3. 钢网架连接球头和杆件复层矿脂包覆防腐工程

半球形钢网架是滨海电厂通常采用的燃料煤储备场所，半球形钢网架主要由内部的杆件、连接球头和外部彩钢瓦构成。外部彩钢瓦是可更换部件，可根据其腐蚀情况定期更换，而内部的连接球头和杆件通常是无法更换的，但需要服役至该设施设计使用年限。

采用复层矿脂包覆防腐施工的钢网架距海岸仅有 100m 左右，处于典型的海洋大气腐蚀环境，空气湿度大，盐分含量高，腐蚀严重，特别是连接球头，由于存在大量缝隙，且是整个结构中受力集中部位，现场调查发现绝大多数连接球头腐蚀非常严重（图 5-100）。原涂料防腐层已经脱落，钢球表面形成较厚锈层；连接杆件和球头的螺栓、螺母上的涂层大多鼓泡、开裂剥落。包括球头、螺栓和螺母等在内的连接部位整体腐蚀严重，给电厂的安全运营带来了极大隐患。

　　钢网架连接球头部位存在大量死角，基材表面处理难度大，普通涂层防腐技术已无法满足其现场防腐修复要求，复层矿脂包覆防腐技术则是解决该类部位腐蚀防护问题的有效的措施，能起到长效防护的作用。

　　钢网架连接球头和杆件复层矿脂包覆防腐技术施工与钢结构螺栓连接部位施工步骤基本相同，主要包括标记作业区域、表面处理（图 5-105）、涂抹矿脂防蚀膏（图 5-106）、缠绕矿脂防蚀带（图 5-107）、制作防蚀防护罩（图 5-108）。为有效降低防腐成本，钢网架杆件防蚀保护罩采用聚丙烯纤维增强的自黏胶带材料。

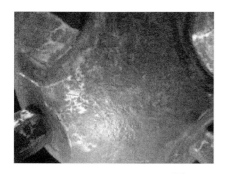

图 5-105　表面处理

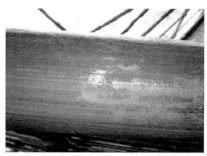

图 5-106　涂抹矿脂防蚀膏

图 5-107　缠绕矿脂防蚀带

图 5-108　制作防蚀保护罩

5.5.2　复层矿脂包覆防腐技术在海上风电的应用

1. 海上风电场钢桩基础状况

某海上风电场已建成 30MW 试验风电场和 200MW 示范项目，现有风机钢构（单桩、多桩）基础 91 台，混凝土基础 7 台。自 2009 年第一批机组投产以来，浪花飞溅区、海洋潮差区存在涂层损坏以及海生物附着现象（图 5-109 和图 5-110）。

图 5-109　钢桩腐蚀情况　　　　　　　　图 5-110　海生物附着情况

拟采用复层矿脂包覆技术对 2 台 2.5MW 风机基础进行腐蚀防护，钢管桩直径为 4.7m 变径至 4.34m，包覆高度为海洋潮差区和浪花飞溅区的 6m 区域；单台包覆面积 90m²。爬梯、防撞杆、导管架与桩体的接触点都在包覆区域内。#1、#2 风机距离岸线分别为 2km、25km，由于泥泞或有沟壑，拖拉机往来受潮汛限制，只能借助船只往来或步行。施工面临风大、泥泞、浪高；距离远、半日潮，往返交通工具速度慢，可作业时间短；施工脚手架搭建难度大等制约因素。风电基础桩径特别大、高程高、桩柱呈圆锥状、结构复杂，外保护罩质量大、结构复杂、制作难度大。

2. 设计施工

1）准备工作

首先，收集施工对象的气象水文潮汐等详细资料，测绘桩基基础，编制施工方案，准备施工材料；设计、制作、调试玻璃钢防护罩，制作、搭建作业平台等（图 5-111）。然后，进行施工机具、材料的准备。施工机具包括除锈铲刀、手动磨光机、空压机、防护罩安装专用设备、扭力矩扳手、G 形夹、对讲机、施工船。材料包括高强度防护罩、矿脂防蚀膏、矿脂防蚀带、淡水。之后，再对玻璃钢防护罩设计、开片，包括纵向间隔、横向段数设计，各段、各片间连接设计，还需考虑缝隙因素。外保护罩制作还需考虑其他因素，如桩基上有防撞杆、导管架等部件，需进行异型和连接部位处理。异型部位外保护罩的施工采取现场制作，采取涂刷树脂胶液、包覆短切毡或包覆纤维布、涂刷树脂胶衣等操作完成工艺制作。外保护罩连接部位的密封处理也十分重要，采用全进口的水中固化环氧树脂进行密封处理。

2）钢桩表面处理

为保证矿脂防蚀膏能与钢材表面充分结合，达到最佳的保护效果，必须进行钢材表面处理。首先要清除海生物：用铲刀和高压水枪除去附着的海生物，对于附着牢固的贝类海生物的残留物不应高于 10mm。除锈分为手工除锈和电动除锈。手工除锈是用检查钳敲打鼓泡处，检测在漆膜下是否有锈层；用除锈铲刀轻铲钢管的凸起部，将浮锈和鼓泡全部除掉；用钢刷除去浮锈和氧化皮。一般不需要喷砂处理，但如果表面锈层很严重时，可采用喷砂除去浮锈，使钢结构表面光洁度达到要求（图 5-112）。

图 5-111　升降平台

3）涂抹矿脂防蚀膏、缠绕矿脂防蚀带

挤出少许矿脂防蚀膏于手掌中间，进行涂抹，重复 5～10 次，使矿脂防蚀膏在钢结构表面均匀分布。矿脂防蚀膏用量：对于光滑表面约 300g/m²，锈蚀特别严重处 400～500g/m²（图 5-113）。

图 5-112　除锈

图 5-113　刮板涂抹矿脂防蚀膏

　　矿脂防蚀带由桩底部向上螺旋状包覆，至桩顶部时，用矿脂防蚀带完整的缠绕一圈（图 5-114）。缠时需注意将空气压出，并需保持有 55%的矿脂防蚀带重叠，每卷矿脂防蚀带交接处的头尾重叠 150mm 的宽度，即保证钢桩各处均有 2 层以上矿脂防蚀带覆盖。要求涂抹完矿脂防蚀膏后，立即进行缠绕矿脂防蚀带作业，尤其在平均海平面附近，以防止矿脂防蚀膏被海水冲刷脱落。

　　4）安装防蚀保护罩、端部密封

　　防蚀保护罩由底向上安装。在安装防蚀保护罩时，要对准螺栓位置。螺栓需用专用扳手拧紧，共紧 3 遍；注意螺栓上紧的顺序及扭力矩大小，最大扭力矩为 28N·m。在法兰接缝处安装挡板，挡板与防蚀保护罩材料相同，以防止安装防蚀保护罩时刮破矿脂防蚀带，并起到密封作用（图 5-115）。

图 5-114　缠绕矿脂防蚀带　　　　　　　图 5-115　安装玻璃钢防护罩

　　在防蚀保护罩下端部安装支撑卡箍，防止玻璃钢外壳下滑；并在其缝隙处使用水中固化型环氧树脂密封；防蚀保护罩上端部用水中固化型环氧树脂密封。水中固化型环氧树脂是将环氧树脂和固化剂按照 1∶1 的比例，在水中糅合均匀，然后涂抹在防蚀保护罩上下端部，固化时间为 1～2h（图 5-116 和图 5-117）。

图 5-116　玻璃钢防护罩缝隙密封情况　　　图 5-117　玻璃钢防护罩端部密封

5）试片的安装

试片分为油漆涂层试片、包覆防腐试片、未保护（裸钢）试片共三种。

包覆试片的安装：保护试片安装在试验窗的上半部，贴在试验窗第一、二道螺栓中间的位置；每个试验窗安装三块试片；试片进行编号；在试片表面涂抹一层矿脂防蚀膏；裁剪一定大小的矿脂防蚀带，粘贴到保护试片上，必须覆盖两层，压紧贴实；安装试验窗外盖，用玻璃钢螺丝帽固定结实；在试验窗口四周涂上水中固化环氧树脂密封。

油漆涂层试片和未保护试片的安装：将试片悬挂于与试验窗同等高度的螺栓上，且未保护试片与螺栓绝缘；安装位置与保护试片的位置相对应，要求在同一水平高度。

6）包覆完成后情况

包覆完成后情况如图 5-118 和图 5-119 所示。

图 5-118　包覆后钢桩图

图 5-119　包覆后现场查看

7）试片制作及挂片

试片制作：规格 50mm×25mm×3mm，用打码机对每个试片编号。预处理：丙酮除油→400#、800#、1200#砂纸打磨→清洗→无水乙醇超声清洗→冷风干燥→记录其原始质量→放置于干燥器备用。试片防腐处理方法包括 PTC 包覆、油漆、未保护（裸钢）。试片放置位置见表 5-2。

表 5-2　试片放置的位置和处理工艺

试片编号	处理工艺	所在位置	放入日期	取出日期
#1～#6	PTC 包覆	1#桩，泥面上+1.8m	2012.12.20	2013.3.15
#7～#9	PTC 包覆	2#桩，泥面上+4m	2012.12.18	2013.3.15
#10～#12	PTC 包覆	2#桩，泥面上+2m	2012.12.18	2013.3.15

试片编号	处理工艺	所在位置	放入日期	取出日期
#21~#23	油漆	1#桩，泥面上+1.8m	2012.12.20	2013.3.15
#24~#26	油漆	2#桩，泥面上+4m	2012.12.18	2013.3.15
#27~#29	裸钢	1#桩，泥面上+1.8m	2012.12.20	2013.3.15
#30~#32	裸钢	2#桩，泥面上+4m	2012.12.18	2013.3.15

　　具体试片在现场安装的情况如图 5-120 和图 5-121 所示。

图 5-120　复层矿脂包覆保护试片　　　　图 5-121　油漆保护试片和裸钢试片

8）试片检测

　　试片从试验部位取下后，为准确获取腐蚀速率，需要进行后处理。酸洗（添加缓蚀剂的酸性溶液中）去除表面腐蚀产物→清水冲洗→无水乙醇超声清洗→冷风吹干→放入干燥器→称量。

　　裸钢试片在清洗腐蚀产物前（a）、后（b）形貌如图 5-122 所示。由图中看出，裸钢试片腐蚀产生较厚锈层，清洗后可看到明显腐蚀坑。油漆试片腐蚀后形貌如图 5-123 所示，油漆表面产生了众多细微裂痕，试片边缘及开孔处发生了腐蚀、有明显锈痕；PTC 包覆试片腐蚀后形貌如图 5-124 所示，试片的金属光泽与试验前无明显变化，说

　　（a）　　　　（b）

图 5-122　裸钢试片

（a）酸洗前；（b）酸洗后

明 PTC 包覆方法具有较好的保护效果。

图 5-123　油漆保护试片　　　　　　　　图 5-124　PTC 包覆保护试片

9）腐蚀失重和腐蚀速率计算

失重法通过下式计算金属的腐蚀速率：

$$\bar{v} = \frac{m_0 - m_1}{St}$$

式中，$\bar{v}$ 为金属的平均腐蚀速率，$g/(m^2 \cdot h)$；m_0、m_1 分别为腐蚀前后试件的质量，g；S 为试件暴露在腐蚀环境中的表面积，m^2；t 为试件腐蚀时间，h。本项目中，试片尺寸为 50mm×25mm×3mm，即 $2.95 \times 10^{-3} m^2$。1#桩挂片时间为 86 天，即 2064h；2#桩挂片时间为 88 天，即 2112h。考虑到继续试验的需要，没有破坏表面的油漆保护层，因此无相应的腐蚀失重数据。包覆和裸钢失重数据见表 5-3。

表 5-3　试片处理工艺和腐蚀速率

试片编号	处理工艺	腐蚀速率/(mm/a)	试片编号	处理工艺	腐蚀速率/(mm/a)
#1、#2	PTC 包覆	0.013	#10	PTC 包覆	试片丢失
#3	PTC 包覆	0.014	#21~#26	油漆	—
#4、#8	PTC 包覆	0.016	#27、#32	裸钢	0.122
#5、#11、#12	PTC 包覆	0.012	#28	裸钢	0.143
#6	PTC 包覆	0.015	#29	裸钢	试片丢失
#7	PTC 包覆	0.011	#30	裸钢	0.114
#9	PTC 包覆	0.017	#31	裸钢	0.108

10）试片腐蚀试验结论

从几种不同防腐方法试片的外观及失重数据对比，可得出以下结论：

（1）PTC 包覆试片，外观无任何变化，腐蚀试片无任何铁锈颜色，试片保持了原来的金属光泽；考虑到天平称量误差等影响因素，试验前后试片质量基本无变化，腐蚀速率可忽略不计，说明 PTC 包覆针对浪花飞溅区腐蚀防护效果良好。

（2）油漆试片，从形貌来看油漆表面出现细微的裂痕，试片边缘出现锈痕。

（3）未保护处理（裸钢）试片，从形貌来看试片表面有很厚的铁锈层，处理后可看到试片表面形成了大量的腐蚀坑。经腐蚀失重测量，质量明显减少，腐蚀速率超过 0.1mm/a，说明在浪花飞溅区的海洋环境中，金属腐蚀严重。

5.5.3　在埋地管道上的防腐应用

目前，天然气输送管道一般是钢质管道，埋设于地下，内受输送介质的腐蚀，外受土壤腐蚀的影响，随管线运行时间的延长，其腐蚀穿孔、泄漏现象呈逐年上升趋势，严重影响油气田的正常生产和天然气的安全输送。目前常用带压补漏或停运焊接补漏方式对其进行修复以使其持续运行。但这些方法存在很多问题，如危险性高、需停产停工、周期短等。根据川西地区管网输送介质较好，且多年来的观察与研究发现管道的外腐蚀的实际情况比较严重，复层矿脂包覆防腐技术可以作为川西集输管网中腐蚀管道腐蚀防护与修复系统的一种技术，使管道在穿孔泄漏前得到有效保护，维持管线正常运行。

川西地区最早实施阴极保护的新青管道，管道规格为 $\phi 273 \times 8$ 的 20#钢输气管线。这些采集气管线及集输干线在运行过程中均不同程度地出现因腐蚀而穿孔、泄漏。中国科学院海洋研究所与中石化西南分公司川西采气厂选定新青线天元镇区段三个点进行试验：一点为暴露跨越管线，两点为埋地管线进行管道局部腐蚀修复补强技术应用试验。

跨越管道：由于以前的保护层施工不严格或已失效，管道在这些部位锈蚀较严重，呈溃疡状局部腐蚀，采用手工除锈（图 5-125），首先除掉附着的沥青玻璃布保护层，然后使用电动钢丝刷清除浮锈，先用锤子把浮锈清除。再用钢制铲刀和铲子将浮锈鼓包去除，除锈完成后，钢管表面基本达到所要求的 ISO St2 标准。

图 5-125　手工除锈

埋地管道：采用手工除锈，首先除掉附着的沥青玻璃布保护层，再用钢制铲刀和铲子将浮锈鼓包去除，然后使用电动钢丝刷清除浮锈，虽然以前的保护层已失效，管道在这些部位锈蚀不太严重，呈均匀腐蚀，除锈完成后，钢管表面基本达到所要求的 ISO St2 标准。

其他施工步骤按复层矿脂施工工艺执行，包括涂抹矿脂防蚀膏（图 5-126）、缠绕矿脂防蚀带（图 5-127）、安装玻璃钢保护罩（图 5-128）。

图 5-126　管道表面涂抹矿脂防蚀膏

图 5-127　缠绕矿脂防蚀带

图 5-128　安装玻璃钢保护罩

5.5.4　在渤海某油田栈桥钢筋混凝土桩上的应用

渤海某油田通向海中钻井采油平台的栈桥主体为钢筋混凝土结构，栈桥全貌如图 5-129 所示。受海洋环境腐蚀和施工因素的影响，栈桥的混凝土桩出现了混凝土开裂、钢筋锈蚀的状况，如图 5-130 所示。为保证工程的使用性和安全性，根据单位的要求，我们对其中开裂较为严重的 200 根混凝土桩采用复层矿脂包覆防腐技术进行修复。

图 5-129　某采油平台栈桥主体

图 5-130　钢筋混凝土桩开裂状况

对钢筋混凝土桩的具体施工过程，分为如下过程。

1. 表面处理、安装卡箍

这些钢筋混凝土桩虽然建成 2 年，但是桩表面已经附着了大量的海洋生物，如藤壶和牡蛎等，采用铲刀进行表面清除（图 5-131），尽量保持干净、平整。起支撑作用的卡箍安装在最低潮位以下 1m 处（图 5-132），可根据不同海域情况适当调整，利用标杆测量深度，离桩上表面 5～10cm 为宜，最后紧住螺栓。卡箍上焊接铝牺牲阳极，根据桩和 PTC 技术的使用寿命设计铝块的大小以确保使用时间。

图 5-131　表面清理

图 5-132　安装卡箍

2. 涂抹矿脂防蚀膏、缠绕矿脂防蚀带

对于钢桩，需要包覆的部位需要全部涂覆矿脂防蚀膏；而对于混凝土桩，可以只涂抹裂缝区域，并进行适当扩展（裂缝周围 15cm）；裂缝数目较多的混凝土桩，则需要全部涂抹矿脂防蚀膏。如果桩表面有孔洞，需要用腻子填充平整后涂抹矿脂防蚀膏。缠绕矿脂防蚀带时，起始处缠绕两层，然后依次搭接 55%，保证各处至少缠绕两层。缠绕时用力将矿脂防蚀带拉紧铺平，将里面空气压出，尽可能使矿脂防蚀带在桩表面贴紧。操作如图 5-133 所示。

3. 安装防蚀保护罩、端部密封

玻璃钢保护罩罩长 2.6m。安装时对齐，先在一侧用 1 个长螺栓固定，然后在防蚀保护罩法兰对接处两片玻璃钢罩的接缝处放置挡板，挡板厚度 2mm，宽度

图 5-133　涂抹矿脂防蚀膏、缠绕矿脂防蚀带

100～200mm，挡板上要涂覆矿脂防蚀膏，最后用不锈钢螺栓紧固 2～3 次。采用水中固化环氧对端部进行隔水密封，以防海水侵入（图 5-134）。

图 5-134　安装防蚀保护罩

　　最后的完成效果如图 5-135 所示。左侧为未防护的桩，右侧为采用复层矿脂包覆技术保护的桩。

图 5-135　完成效果图

左侧为未保护桩；右侧为保护的桩

5.6　复层矿脂包覆防腐技术发展和应用展望

目前，常用的海洋钢铁设施防腐蚀方法中，在海水全浸区及海底泥土区采用阴极保护，海洋潮差区以上采用包覆防腐蚀，海洋大气区采用涂层保护。浪花飞溅区腐蚀最为严重，包覆防腐技术已被公认为最佳的浪花飞溅区钢桩式构筑物的保护技术。

无论是针对已建的海洋采油平台、码头钢桩、新建海洋平台以及苛刻工业腐蚀环境下的钢结构复杂节点如螺栓阀门及埋地管线等工业设施，复层矿脂包覆防腐技术都展现了十分优异的防腐蚀效果。

其中，复层矿脂包覆防腐技术由矿脂防蚀膏、矿脂防蚀带和防蚀保护罩等组成，对钢桩表面处理要求低，对已建钢桩式构筑物的保护十分适宜。随着我国众多钢桩式海洋码头、桥梁、平台的老化，开展防腐蚀修复势在必行，复层矿脂包覆防腐技术将为这些重要设施的保护发挥重要作用。

复层矿脂包覆防腐技术还在进一步改进和发展中。如本书所述，防蚀保护罩的材质多种多样，主要分为树脂保护罩和金属保护罩两类。在我国，已获得实际应用的主要是树脂保护罩，金属保护罩尚未得到广泛应用。

金属保护罩如不锈钢、钛、铝等材料，本身具有耐腐蚀性、耐冲击性等优点，但这种方法所需材料费、防腐蚀施工费用等初期费用较高，在加工配套技术上还不很成熟，在我国实际还未得到广泛应用。但是，金属保护罩能够抵抗波浪及物体的撞击，具有更长久的耐蚀性，具有五十年甚至上百年的保护效果。

当前及今后很长一段时期，蓝色海洋经济发展将成为带动我国国民经济发展的新引擎。我国正在进行大规模的海洋开发建设，对许多港口码头、跨海大桥等重要的基础设施提出了一百年甚至更长的耐用期限要求，同时对于海洋构筑物的防腐蚀设计方面，对长期防腐蚀性及使用寿命期内成本的重视程度也不断提高。因此，从全寿命周期成本的角度考虑，复层矿脂包覆防腐技术对于新建海洋钢铁设施也将具有巨大技术优势。

因此，相信今后通过进一步技术创新和工程应用，复层矿脂包覆防腐技术将在我国浪花飞溅区海洋工程设施的防腐保护中发挥更大的作用。

附录 海洋钢铁构筑物复层矿脂包覆防腐技术

1. 范围

本规范规定了海洋钢铁构筑物复层矿脂包覆防腐技术的术语和定义、防腐层结构、防腐层材料、施工、检验与验收、运行维护与管理。

本规范适用于海洋环境钢铁构筑物的复层矿脂包覆防腐技术。

2. 规范性引用文件

GB/T 269 润滑脂和石油脂锥入度测定法

GB/T 1447 纤维增强塑料拉伸性能试验方法

GB/T 1449 纤维增强塑料弯曲性能试验方法

GB/T 1462 纤维增强塑料吸水性试验方法

GB/T 1725 色漆、清漆和塑料不挥发物含量的测定

GB/T 1728 漆膜、腻子膜干燥时间测定法

GB/T 2577 玻璃纤维增强塑料树脂含量试验方法

GB/T 2790 胶粘剂180°剥离强度试验方法挠性材料对刚性材料

GB/T 3536 石油产品闪点和燃点的测定克利夫兰开口杯法

GB/T 3820 纺织品和纺织制品厚度的测定

GB/T 3854 增强塑料巴柯尔硬度试验方法

GB/T 3923.1 纺织品织物拉伸性能第1部分：断裂强力和断裂伸长率的测定（条样法）

GB/T 7124 胶粘剂拉伸剪切强度的测定（刚性材料对刚性材料）

GB/T 8026 石油蜡和石油脂滴熔点测定法

GB/T 8237 纤维增强塑料用液体不饱和聚酯树脂

GB/T 8923.1—2011 涂覆涂料前钢材表面处理表面清洁度的目视评定第1部分：未涂覆过的钢材表面和全面清除原有涂层后的钢材表面的锈蚀等级和处理等级

GB/T 8923.2—2008 涂覆涂料前钢材表面处理表面清洁度的目视评定第2部分：已涂覆过的钢材表面局部清除原有涂层后的处理等级

GB/T 10125 人造气氛腐蚀试验盐雾试验

GB/T 10801.2 绝热用挤塑聚苯乙烯泡沫塑料（XPS）

GB/T 13377 原油和液体或固体石油产品密度或相对密度的测定毛细管塞比重瓶和带刻度双毛细管比重瓶法

GB/T 17470 玻璃纤维短切原丝毡和连续原丝毡

GB/T 18370 玻璃纤维无捻粗纱布

CB/T 180 船用玻璃纤维增强塑料制品手糊成型工艺

HB 7736.2 复合材料预浸料物理性能试验方法第 2 部分：面密度的测定

HG/T 3845 硬质橡胶冲击强度的测定

QB/T 2423 聚氯乙烯（PVC）电气绝缘压敏胶粘带

GB/T 30651—2014 矿脂防蚀带耐高温流动性检测方法

GB/T 30650—2014 矿脂防蚀带低温可操作性检测方法

3. 术语和定义

下列术语和定义适用于本规范。

复层矿脂包覆防腐技术（covering anticorrosion technology of multilayer petrolatum）：是一种用于钢铁构筑物表面，包含多层矿脂类材料外加硬质保护套的防腐技术。该技术多用于海洋浪花飞溅区钢铁构筑物的腐蚀防护。

矿脂防蚀膏（anticorrosion petrolatum paste）：以矿物脂为原料，加入缓蚀剂、增稠剂、润滑剂、填料等加工制作的膏状防蚀材料。

矿脂防蚀带（anticorrosion petrolatum tape）：以无纺布为载体，在含有复合防锈剂、增稠剂、润滑剂、填料等特制矿物脂中浸渍制成的带状防蚀材料。

密封缓冲层（sealing buffer layer）：安装于防蚀保护罩内侧，缓冲外部冲击并起到密封作用的泡沫材料。

规则防蚀保护罩（regular anticorrosion cover）：适用于规则钢铁构筑物的防护修复，由多层不饱和聚酯树脂浸透玻璃纤维预制而成的玻璃钢外壳。

不规则防蚀保护罩（irregular anticorrosion cover）：适用于不规则钢铁构筑物，由多层不饱和聚酯树脂浸透玻璃纤维现场制成的玻璃钢外壳。

挡板（plate）：安装在矿脂防蚀带与密封缓冲层之间，用于密封的薄片状玻璃钢。

4. 防腐层结构

复层矿脂包覆防腐层主要由矿脂防蚀膏、矿脂防蚀带和防蚀保护罩组合而成，如附图-1 所示。其中，防蚀保护罩分为规则防蚀保护罩和不规则防蚀保护罩，规则防蚀保护罩还包括密封缓冲层、法兰、螺栓、挡板和支撑卡箍等配套组件，如附图-2 所示。规则防蚀保护罩端部应采用封闭胶泥进行密封处理。

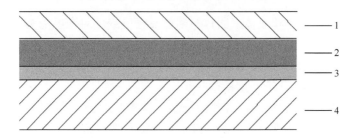

附图-1　复层矿脂包覆防腐层结构示意图

1. 防蚀保护罩；2. 矿脂防蚀带；3. 矿脂防蚀膏；4. 钢铁基体

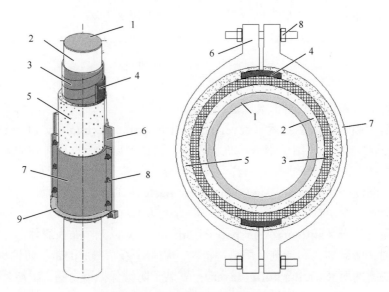

附图-2　规则防蚀保护罩结构图

1. 钢铁基体；2. 矿脂防蚀膏；3. 矿脂防蚀带；4. 挡板；5. 密封缓冲层；6. 法兰；
7. 防蚀保护罩；8. 螺栓；9. 支撑卡箍

5. 防腐层材料

5.1 外观

外观应符合附表-1 的要求。

附表-1　外观

项目	要求			
	矿脂防蚀膏	矿脂防蚀带	防蚀保护罩	封闭胶泥
状态	膏状	卷状缠带	光滑密实坚硬壳状	油泥状
色泽	淡褐色	淡黄色	根据需要调配	任意色
气味	油脂味	油脂味	无	无

5.2　性能指标及检测方法

（1）矿脂防蚀膏。矿脂防蚀膏的性能指标及检测方法应符合附表-2 的规定。

附表-2　矿脂防蚀膏的性能指标及检测方法

项目	要求	检测方法
密度/(g/mL)	0.75～1.25	GB/T 13377
稠度/mm	10.0～20.0	GB/T 269
燃点/℃	≥175	GB/T 3536
滴点/℃	≥40	GB/T 8026
耐温流动性	在(50±2)℃下，垂直放置 24h，不流淌	附录 A
低温附着性	在(−20±2)℃下，放置 1h，不剥落	附录 B
不挥发物含量/%	≥90	GB/T 1725
水膏置换性	附录 C 中的锈蚀度 A 级	附录 D
耐盐水性	附录 C 中的锈蚀度 A 级	附录 E
耐中性盐雾性	192h，附录 C 中的锈蚀度 A 级	GB/T 10125
腐蚀性（失重法）/(mg/cm^2)	−0.1～0.1	附录 F
耐化学品性	附录 C 中的锈蚀度 A 级	附录 G

注：耐中性盐雾性试验钢板同耐化学品性试验钢板。

（2）矿脂防蚀带。矿脂防蚀带的性能指标及检测方法应符合附表-3 的规定，其应由矿脂防蚀膏制造商配套提供。

附表-3　矿脂防蚀带的性能指标及检测方法

项目	要求	检测方法
面密度/(g/m^2)	700～1750	HB 7736.2
厚度/mm	1.1±0.3	GB/T 3820
拉伸强度/(N/m)[①]	≥2000	GB/T 3923.1
断裂伸长率/%	10.5～25.5	GB/T 3923.1
剥离强度/(N/m)[②]	≥200	附录 H
耐高温流动性	在（45～65）℃下，不滴落	GB/T 30651
低温操作性	在（−20～0）℃下，不断裂，不龟裂，剥离强度保持率大于 50%	GB/T 30650
绝缘电阻率/(MΩ·m^2)	≥1.0×10^2	附录 I
耐盐水性	浸泡 8d，附录 C 中的锈蚀度 A 级	附录 J
耐中性盐雾性[③]	1000h，附录 C 中的锈蚀度 A 级	GB/T 10125
腐蚀性（失重法）/(mg/cm^2)	−0.2～0.2	附录 K
耐化学品性	附录 C 中的锈蚀度 A 级	附录 L

注：①试样宽度为 25mm；②试样宽度为 25mm；③耐中性盐雾性试验钢板同耐化学品性试验钢板。

（3）封闭胶泥。封闭胶泥的性能指标及检测方法应符合附表-4 的规定。

附表-4　封闭胶泥的性能指标及检测方法

项目	要求	检测方法
剥离强度/(kN/m)	≥6	GB/T 2790
剪切强度/(MPa)	≥9	GB/T 7124
耐水性	35℃海水养护 2160h 后剪切强度保持率≥99%	GB/T 7124
实干时间 (20℃)/h	≤24	GB/T 1728

（4）密封缓冲层。密封缓冲层的性能指标及检测方法应符合 GB/T 10801.2 的规定。

（5）防蚀保护罩。防蚀保护罩性能指标及检测方法应符合附表-5 的规定。

附表-5　防蚀保护罩的性能指标及检测方法

项目	要求	检测方法
巴柯尔硬度/Hba	≥35	GB/T 3854
弯曲强度/MPa	≥100	GB/T 1449
树脂含量（质量分数）/%	≥48	GB/T 2577
吸水率/%	≤0.5	GB/T 1462
拉伸强度/MPa	≥50	GB/T 1447
抗冲击强度/(kJ/m³)	≥2.5×10⁶	HG/T 3845

规则防蚀保护罩按照 CB/T180 的规定进行预制。防蚀保护罩法兰部分厚度应为 8～10mm，主体边缘部分应从主体部分逐渐加厚到与法兰部分相同的厚度，主体部分厚度不应小于 3mm。

不规则防蚀保护罩应进行现场制作。制作材料包括不饱和聚酯树脂应符合 GB/T 8237 的规定，短切毡应符合 GB/T 17470 的规定，无碱玻璃纤维布应符合 GB/T 18370 的规定，胶衣应符合 CB/T 180 的规定。

5.3 其他要求

挡板与防蚀保护罩材质相同，厚度为 1～2mm，宽度为 100～200mm。

支撑卡箍应采用与被保护钢铁构筑物相同或类似材质的角钢，并根据被保护钢铁构筑物尺寸大小进行制作。

6. 施工

6.1 前期准备

（1）应根据施工对象和技术要求，进行现场考察、收集资料、标记施工区域、确定施工方案。

（2）应根据现场状况，选择合适地点，搭建脚手架、吊笼、施工船等方式进行施工。

（3）海洋浪花飞溅区的施工区域应从最低海水潮位以下 1m 处往上安装至平均高潮线上部 1.5m 处，根据不同海域情况进行适当调整。

6.2 施工条件

（1）施工温度应高于-10℃。

（2）水下施工应有潜水员配合。

6.3 钢铁构筑物的表面处理

（1）除锈前，应清除钢铁构筑物表面的焊渣、毛刺、海生物等。

（2）除锈等级至少应达到 GB/T 8923.1—2011 和 GB/T 8923.2—2008 中规定的 St2 级。

（3）处理后，不应有高于主体钢铁构筑物 10mm 的突出物。

6.4 支撑卡箍的安装

（1）规则防蚀保护罩应安装支撑卡箍。不规则防蚀保护罩不安装支撑卡箍。

（2）根据设计要求，应在钢铁构筑物最低保护线处，标出固定支撑卡箍的位置。

（3）支撑卡箍应安装在被保护钢铁构筑物外围，应采用螺栓连接固定。

（4）支撑卡箍应焊接在被保护钢铁构筑物上。

6.5 涂抹矿脂防蚀膏

（1）应在表面处理后 6h 内涂抹矿脂防蚀膏。

（2）用刮板等工具将矿脂防蚀膏均匀涂抹在钢铁构筑物表面，厚度应达到 180～250μm。

6.6 缠绕矿脂防蚀带

（1）在涂抹矿脂防蚀膏后的钢铁构筑物表面缠绕矿脂防蚀带，间隔时间不应超过 1h。

（2）缠绕时，用力将矿脂防蚀带拉紧铺平，用辊子等工具将里面空气压出，起始处缠绕两层，然后螺旋缠绕并依次搭接 55%，应保证各处至少缠绕两层。矿脂防蚀带始末端搭接长度不应小于 100mm。

（3）对于不规则钢铁构筑物，先将矿脂防蚀带剪成合适的长度，将其逐段缠绕在不规则处，并保证各处至少有两层。

（4）矿脂防蚀带施工完毕后，矿脂防蚀膏和矿脂防蚀带总厚度不应小于 2mm。

6.7 规则防蚀保护罩安装

（1）粘贴密封缓冲层。将密封缓冲层粘贴在防蚀保护罩的内侧，缓冲层上部应比保护罩短 5～10mm，以便填充封闭胶泥。

（2）固定防蚀保护罩

①应在矿脂防蚀带施工完毕 24h 内安装防蚀保护罩。

②防蚀保护罩下端应紧接在卡箍上，并由下向上安装。

③在防蚀保护罩法兰对接处的密封缓冲层内面应放置挡板。

④法兰连接处应采用耐海水腐蚀螺栓紧固，螺栓孔距不应大于 200mm。

（3）端部密封。将封闭胶泥填充到（1）规定的预留间隙中，不应有气泡、漏涂等现象。

6.8 不规则防蚀保护罩现场制作

不规则防蚀保护罩按照附图-3 所示的顺序进行制作。450g/m² 的短切毡 2 层，400g/m² 的玻璃纤维布 3 层，每层都涂刷不饱和聚酯树脂，用量为 3.5kg/m²，胶衣用量为 750g/m²。

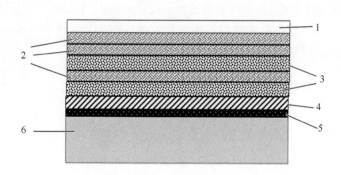

附图-3　不规则防蚀保护罩各层结构

1. 胶衣；2. 玻璃纤维布；3. 短切毡；4. 矿脂防蚀带；5. 矿脂防蚀膏；6. 钢铁基体

6.9 规则防蚀保护罩和不规则防蚀保护罩对接

（1）应在矿脂防蚀带施工完毕 24h 内制作防蚀保护罩。

（2）不规则防蚀保护罩现场制作应在规则防蚀保护罩安装之前进行。

（3）规则防蚀保护罩和不规则防蚀保护罩对接如附图-4 所示，对接部分应重叠 50～100mm。

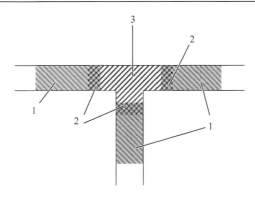

附图-4　规则防蚀保护罩和不规则防蚀保护罩对接示意图

1. 规则防蚀保护罩；2. 对接部分；3. 不规则防蚀保护罩

6.10 补伤及补口

（1）应先进行损伤部位的修补。

（2）应使用与原防腐层结构相同的矿脂防蚀膏和矿脂防蚀带进行修补，矿脂防蚀带补贴宽度应至少超出损伤边缘 50mm。

（3）矿脂防蚀膏和矿脂防蚀带的补口施工应按照本标准 6.5 和 6.6 的规定进行。补口用矿脂防蚀带与原防腐层搭接宽度应大于或等于 100mm。

（4）裂缝小于或等于 5mm 的防蚀保护罩，直接采用封闭胶泥进行填充修补。

（5）裂缝大于 5mm 的防蚀保护罩，应采用相同材质、相同厚度的玻璃钢进行补口，搭接宽度大于 50mm，并用钛合金铆钉固定，搭接边缘用封闭胶泥进行密封。

7. 检验与验收

7.1 表面预处理

预处理后的钢铁构筑物表面应进行质量检验。参照 GB/T 8923.1—2011 和 GB/T 8923.2—2008 进行目视评定。表面处理质量应达到本标准 6.3 中的规定。

7.2 外观

对所有防腐层都应进行 100%目测检查。矿脂防蚀膏应涂抹均匀，无漏涂。矿脂防蚀带应表面平整，搭接均匀，无气泡、无皱褶和破损。防蚀保护罩应安装牢固。

7.3 厚度

（1）矿脂防蚀膏。矿脂防蚀膏施工完毕后，应选取每块钢铁构筑物的三个部位进行厚度检测。每个部位测量四个点，采用湿膜测厚仪法，直接读数。厚度不合格时，应加倍抽查，仍不合格，则判定为不合格，不合格部分应进行修复。

（2）矿脂防蚀带。矿脂防蚀带施工完毕后，应选取每块钢铁构筑物的三个部位进行厚度检测。矿脂防蚀带采用厚度差法，先在测量点平放已知厚度不超过1mm 的硬质非铁类膜，再采用超声波测厚仪测试总厚度。判定方法同（1）。

（3）防蚀保护罩。用精度为 0.02mm 的游标卡尺，测量开孔处或指定位置的厚度，测三次，取平均值。法兰部分厚度不应低于 8mm，主体部分厚度不应低于 3mm。

7.4 电火花检漏

对矿脂防蚀膏和矿脂防蚀带进行全线电火花检漏，补伤、补口逐个检查，发现漏点及时修补。检漏时，探头移动速度不大于 0.3m/s，检漏电压按式（1）和式（2）计算：

当 T_c ＜1mm 时，$U = 3294\sqrt{T_c}$ 　　　　　　　　　　　　　　　　（1）

当 T_c ≥1mm 时，$U = 7843\sqrt{T_c}$ 　　　　　　　　　　　　　　　　（2）

式中，U 为检漏电压的数值，单位为伏特（V）；T_c 为防腐层厚度的数值，单位为毫米（mm）。

7.5 验收需要提供的文件

主要包括：防腐层材料的质量检测报告及出厂合格证；修补记录；竣工图纸；安装记录；施工过程质检记录；竣工验收报告。

8. 运行维护与管理

（1）投入使用后，应避免碰撞和使用明火。

（2）应每半年进行一次巡检，查看防蚀保护罩是否破损、螺栓是否完好等。

（3）应建立档案管理制度。施工资料、检查记录、事故记录、维修记录、年度总结等应归档，并由专人管理，直至材料服役结束。

附 录 A

矿脂防蚀膏耐温流动性试验方法

A.1 材料与仪器

A.1.1 试验钢板

材质：Q235 钢板。

尺寸：80mm×60mm×(3～5)mm。

吊孔：分别在长边一侧打上直径为 3mm 的 2 个孔。

A.1.2 恒温干燥箱

温度范围：0～100℃。

A.2 试 验 步 骤

A.2.1 试验钢板处理

（1）用 240#砂纸将试验钢板的正反两面沿着长边的方向进行打磨。试验钢板的边缘应打磨至无毛刺，吊孔用撕成细条的砂纸穿梭打磨。

（2）取两个干净的烧杯，分别盛装分析纯丙酮、(35±3)℃的无水温乙醇。将打磨好的试验钢板依次放入上述溶剂中进行清洗，取出后用脱脂棉擦拭。如有磨屑或其他污染物则应继续清洗。

A.2.2 试验操作

（1）在每片试验钢板 80mm×60mm 的面上，距下端 18mm、15mm 处各描一黑线。

（2）在试验钢板画线的一面涂覆 100～150μm 的矿脂防蚀膏试样膜，如图 A-2 所示。

（3）将准备好的试验钢板，垂直放置在 (50±2)℃的恒温干燥箱中，保持 24h。

（4）观察试样膜是否流淌到基准线上。

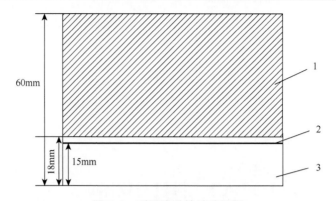

图 A-1　耐温流动性试验钢板

1. 矿脂防蚀膏；2. 基准线；3. 试验钢板

A.3　结 果 判 定

3 块试验钢板的试样膜都没有流淌现象或没有流淌至基准线上，则判定为合格；否则为不合格。

附　录　B

矿脂防蚀膏低温附着性试验方法

B.1　仪器与材料

B.1.1　试验钢板

符合附录 A.1.1 中的规定。

B.1.2　恒温箱

温度范围：-30～100℃。

B.1.3　划痕试验器

由四块同规格的单刃刀片按 3.2mm 的间隔固定，其构造如图 B-1 所示。

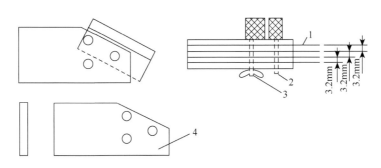

图 B-1　划痕试验器

1. 单刃刀片；2. 定位螺栓；3. 固紧螺丝；4. 固定片

B.2　试　验　步　骤

B.2.1　试验钢板准备

按附录 A.2.1 中的规定对试验钢板进行打磨和清洗。每个试样每次用 3 片试验钢板。

B.2.2　试验操作

（1）在试验钢板上涂覆厚度为 100～150μm 矿脂防蚀膏。

（2）恒温箱温度控制 (−20±2)℃时，将涂有试样的试验钢板平放在培养皿中，连同划痕试验器同时放入低温箱内。

（3）1h 后，在低温箱内迅速用划痕试验器在试验钢板膜上划出长 25mm，深度至金属表面的四道平行线，再在垂直方向另划四道平行线，构成正方形格子。

（4）检查划痕包围的试样膜部分有无剥落的情况。

B.3　结　果　判　定

3 片试验钢板试样膜均未发现剥落时，判定为合格；否则为不合格。

附 录 C

锈蚀度试验方法

C.1 方 法 概 要

将锈蚀评定板与需评定的试验钢板重叠起来，使正方框正好在试验钢板的正中，对作为有效面积方框中的方格进行观察，总计在有效面积内有锈的格子数目，与评定总格子数的比值称为锈蚀度，以百分数表示。

C.2 仪器与材料

评定板采用无色透明材料，尺寸为 60mm×80mm，评定面有效面积为 50mm×50mm，如图 C-1 所示。在评定板有效面积内刻出边长为 5mm×5mm 的正方形格子 100 个，刻线宽度为 0.5mm。

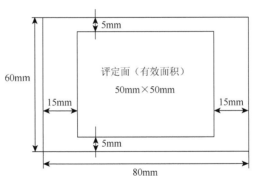

图 C-1 评定板

C.3 判 定 方 法

将评定板重合于被测试验钢板上，用肉眼观察，并数出评定板有效面积内具有一个锈点以上的格子数。记录试验钢板评定面上的锈点在评定板有效面积内所占格子数，作为试验钢板的锈蚀度（%）。

　　出现在有效面积内的刻线或交叉点上的锈点，若其超出刻线或交叉点时，超出部分所占的格子均作为有锈。若锈点未超出刻线或交叉点，并且邻接的格子内无锈时，则把所有与其邻接的其中一个格子作为有锈。

C.4　锈蚀度的表示

锈蚀度按照表 C-1 分等级表示。

表 C-1　锈蚀度等级

等级	A 级	B 级	C 级	D 级	E 级
锈蚀度/%	0	1～10	11～25	26～50	51～100

附 录 D

矿脂防蚀膏水膏置换性试验方法

D.1 试 验 钢 板

D.1.1 尺寸

150mm×70mm×(1～2)mm（图 D-1），短边中间打一个直径为 6mm 的孔，50mm×50mm 为评定面。

D.1.2 材质

Q235 钢板如图 D-1 表示。

D.2 试 验 步 骤

D.2.1 试验钢板处理

按附录 A.2.1 中的规定对试验钢板进行打磨和清洗。

D.2.2 试验操作

（1）在 50g 试样中加入 5g 蒸馏水，充分搅拌，放置 12h 以上。

（2）将试验钢板用挂钩悬挂浸入蒸馏水中，使其表面全部浸润后提起，保持垂直放置，5s 之内用滤纸从底部吸走多余水分。

（3）用刮刀在试验片上涂覆约 1mm 厚（1）中的试样后将其水平放置在 (23±2)℃的蒸馏水中，保持 24h。

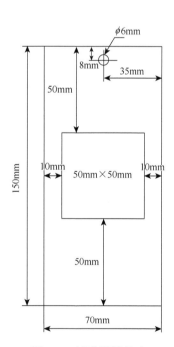

图 D-1 试验钢板尺寸

试验后的试验钢板先用刮板将防蚀膏除去，然后用丙酮清洗。

D.3　结　果　判　定

3 块试验钢板均按照附录 C 判定等级。变色等其他异常情况应加以备注。

附 录 E

矿脂防蚀膏耐盐水性试验方法

E.1 仪器与材料

E.1.1 试验钢板

按照附录 D.1 中的规定进行。

E.1.2 胶带

符合 QB/T 2423 的规定，厚度为 75μm，宽度为 15～20mm。

E.1.3 恒温箱

温度范围：0～100℃。

E.1.4 pH 测定仪

测量精度为 0.1。

E.2 试 验 步 骤

E.2.1 试验钢板处理

按附录 A.2.1 中的规定对试验钢板进行打磨和清洗。

E.2.2 试验操作

（1）配制 5%±0.1%的碳酸钠溶液，充分摇匀，备用。

（2）配制 5%±0.1%氯化钠的溶液，充分摇匀溶解后，用碳酸钠溶液调整其 pH 至 8.0～8.2。

（3）在试验钢板两端分别贴上两层胶带，用硬塑料板在胶带之间的试验钢板空白处均匀涂上厚 100～150μm 的矿脂防蚀膏。

（4）在烧杯中加入 2000mL 氯化钠盐溶液，保持 (23±2)℃。

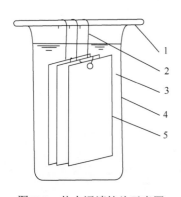

图 E-1　盐水浸渍挂片示意图

1. 玻璃棒；2. 挂钩；3. 氯化钠盐溶液；
　　4. 烧杯；5. 试验钢板

（5）用吊具将试验钢板吊起，将 3 块试验钢板垂直吊挂在氯化钠盐溶液中（图 E-1）。在烧杯上放上铝箔等作为盖子，保持 192h。

（6）试验完毕后，取出试验钢板，用纱布将试样擦掉。依次用丙酮，(35±3)℃的无水温乙醇将试验钢板洗净，冷风干燥。

E.3　结　果　判　定

根据附录 C 判定等级。变色等其他异常情况加以备注。

附 录 F

矿脂防蚀膏腐蚀性试验方法

F.1 仪器和材料

F.1.1 试验钢板

尺寸：50mm×25mm×(1.0～2.0)mm，中心打 ϕ 6.5mm 的孔。

材质：Q235 钢板。

F.1.2 容器

直径 80～90mm，容量 300mL 以上的能够密封的广口玻璃容器。

F.1.3 恒温箱

温度范围：0～100℃。

F.1.4 分析天平

精度为 0.1mg。

F.2 试验钢板的制作

F.2.1 预处理

按照附录 A.2.1 中的规定对试验钢板进行处理。

F.2.2 称量

将处理好的试验钢板放入干燥器内干燥 30min 后进行称量，记为 m_1，精确到 0.1mg。

F.2.3 保存

进行试验之前，试验钢板应放入干燥器内保存。保存 24h 以上的试验钢板应重新打磨。

F.3 试 验 步 骤

（1）容器中先加入 300mL 加热好的矿脂防蚀膏试样，将试验钢板垂直放入容器中，并盖上盖子，然后放在恒温箱中在 (55±2)℃的温度下保持 192h。试验钢板要完全浸没在试样中。

（2）试验完成后取出，用浸有丙酮的纱布擦拭试验钢板以除去附着的油分和游离的腐蚀生成物。接着分别按照乙醇、丙酮、(35±3)℃的温乙醇的顺序擦拭清洗，直到无附着物。冷风吹干，将制好的试验钢板放在干燥容器内冷却。

（3）称取试验钢板的质量，记为 m_2，精确到 0.1mg。

F.4 结 果 判 定

质量变化：按式（F-1）计算，将 3 个试验结果的平均值精确到小数点后 2 位。

$$C = \frac{m_2 - m_1}{S} \qquad (F\text{-}1)$$

式中，C 为质量变化的数值，单位为克每平方米（g/m²）；m_1 为试验前试验钢板质量的数值，单位为克（g）；m_2 为试验后试验钢板质量的数值，单位为克（g）；S 为试验钢板总表面积的数值，单位为平方米（m²）。

外观：与新打磨试验钢板比较颜色变化，按表 F-1 等级表示。

表 F-1 颜色变化等级

级别	颜色变化	级别	颜色变化
0 级	光亮如初	2 级	明显变色
1 级	均匀轻微变色	3 级	严重变色或有明显腐蚀

3 片试验钢板取质量变化相同，颜色变化相同的两块定级，如各不相同则需要重做。

如果各试验钢板的表面有可见的表面粗糙、污迹、变色和其他异常时，应予以记录。

附　录　G

矿脂防蚀膏耐化学品性试验方法

G.1　材　　料

G.1.1　试验钢板

按照附录 D.1 中的规定进行。

G.1.2　胶带

同 E.1.2。

G.2　试　验　步　骤

G.2.1　试验钢板处理

按照附录 A.2.1 的规定对试验钢板进行打磨，清洗。

G.2.2　试验操作

（1）在试验钢板两端分别贴上两层胶带。用硬塑料板在胶带之间的试验钢板空白处均匀涂上厚 100～150μm 的矿脂防蚀膏。

（2）配制一定浓度的化学试剂（如 30%的氢氧化钠和 15%的稀硝酸），分别置于三个试验容器中。

（3）将涂有试样的试验钢板的 2/3 部分浸于烧杯中，静置放至规定的时间。每隔 24h，观察试样膜的外观变化，168h 后，取出试验钢板将矿脂防蚀膏清洗掉，检查试验钢板是否锈蚀及变色。

G.3　结　果　判　定

3 块试验钢板均按照附录 C 判定等级。如果 3 片试验钢板锈蚀度均达到 A级，则视为耐该化学品；否则视为不耐该化学品。

附 录 H

矿脂防蚀带剥离强度试验方法

H.1 试 验 钢 板

H.1.1 尺寸

125mm×50mm×(1.5～2)mm。

H.1.2 材质

304 不锈钢。

H.2 试 验 步 骤

H.2.1 样品制备

将矿脂防蚀带在 (23±2)℃、55%±5%的试验环境条件下放置 24h，裁取 150mm×25mm 的试样后立即进行试验。

H.2.2 试验钢板处理

按照附录 A.2.1 的规定对试验钢板进行打磨，清洗。

H.2.3 试验操作

（1）将 150mm×25mm 的矿脂防蚀带试样贴在试验钢板一端，接触面大约为 50mm×25mm（参照图 H-1）。

（2）在试样上放上厚 25μm、大小为 150mm×50mm 的聚酯膜，用约 2kg 重的辊压装置（图 H-2）往返滚压 1 次，使试样紧密粘贴在钢板上。

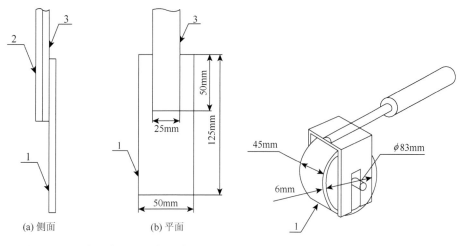

(a) 侧面　　　　　　　(b) 平面

图 H-1　剥离强度测定试板示意图　　　　　图 H-2　辊压装置示意图

1. 试验钢板；2. 聚酯膜；3. 矿脂防蚀带试样

（3）放置 30min 后，将贴着聚酯膜的试样放在拉伸试验机的上部夹具上夹住，试验钢板放在下部的夹具上夹住，用拉伸试验机以 (300±30)mm/min 的速度拉伸，读出试样刚刚开始脱离钢板时的力（最大值），记为 F。

H.3　试　验　结　果

剥离强度σ按式（H-1）计算：

$$\sigma = \frac{F}{b} \tag{H-1}$$

式中：σ为剥离强度的数值，单位为牛每米（N/m）；F为试样刚刚开始脱离钢板时的力（最大值）的数值，单位为牛（N）；b为试样宽度的数值，单位为米（m）。

附　录　I

矿脂防蚀带绝缘电阻试验方法

I.1　试　验　装　置

试验装置如图 I-1 所示。

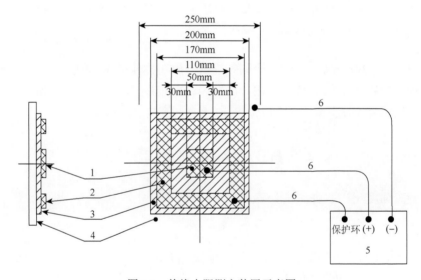

图 I-1　绝缘电阻测定装置示意图

1. 电极；2. 铝箔保护环；3. 试样；4. 试验钢板；5. 电阻计；6. 导线

I.2　仪器和材料

I.2.1　绝缘电阻计

能够施加 500V 直流额定电压。

I.2.2　电极

厚度为 15μm、尺寸为 50mm×50mm 的铝箔。

I.2.3 保护环

厚度为 15μm、尺寸为图 I-1 所示尺寸的铝箔环。

I.2.4 导电性黏着剂

添加羟甲基纤维素（CMC）的浓度为 3% 的 NaCl 溶液。

I.2.5 试验钢板

250mm×250mm×(1.5～2)mm 的 Q235 钢板。

I.3 试 验 步 骤

（1）在试验钢板中间贴上大小为 200mm×200mm 的两层试样，用手抚平使其表面均匀。

（2）在电极及保护环上涂上导电性黏着剂，紧贴在试样表面。

（3）分别用导线将绝缘电阻计的接地 (一) 端子连接钢板，阳极 (+) 端子连接电极，保护器端子连接保护环。

（4）在钢板和电极间加入 500V 直流电压，1min 后读取电阻值。

I.4 数 据 处 理

绝缘电阻由式（I-1）计算得出。

$$W = R \times A \tag{I-1}$$

式中，W 为绝缘电阻率的数值，单位为兆欧平方米（MΩ·m²）；R 为绝缘电阻计显示的数值，单位为兆欧（MΩ）；A 为电极面积的数值，单位为平方米（m²）。

附 录 J

矿脂防蚀带耐盐水性试验方法

J.1 材 料

J.1.1 试验钢板

按照附录 D.1 中的规定进行。

J.1.2 夹具

（1）夹具分 A、B 两面，如图 J-1 所示，由 200mm×120mm×10mm 的 PVC 塑料板制成。

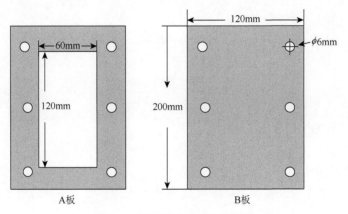

图 J-1 夹层装置 AB 板示意图

（2）A 板中心割开面积为 120mm×60mm 的试验窗。

（3）A、B 板之间有一层起密封作用的橡胶垫片，开孔位置及尺寸同 A 板。

（4）A、B 板边缘共开 6 个直径 6mm 的孔，用于安装螺栓。

J.2 试 验 步 骤

J.2.1 试验钢板处理

按附录 A.2.1 中的规定对试验钢板进行打磨和清洗。

J.2.2　缠带

（1）用矿脂防蚀带将试验钢板表面均匀、完全、紧密包裹两层。

（2）带的接头位置应在试验钢板中部，且不在试验窗面上。

J.2.3　固定夹具

将 J.2.2 中（1）的试样夹在 AB 两板之间，如图 J-1 所示；对准螺栓孔，上紧螺丝，将其固定。

J.2.4　试验步骤

将三个平行试件分别浸入三只盛有浓度为 5%氯化钠溶液的玻璃容器中。

J.3　结果与评定

试验期间，每隔 24h 应观察一次并记录试验现象。试验至规定时间后，取出试件，将矿脂防蚀带取下，按附录 C 测定试件锈蚀度，并记录带上是否有锈痕、污斑等现象。

附 录 K

矿脂防蚀带腐蚀性试验方法

K.1 仪器与材料

按照附录 F.1 中的规定进行。

K.2 试 验 步 骤

（1）将处理好的试验钢板在干燥器中保存 30min 后称量，记为 m_1，精确到 0.1mg。

（2）将矿脂防蚀带在清洗好的试验钢板上完全、均匀、紧密包裹两层。

（3）将（2）的样品，置于烧杯中，密封好。然后放在恒温箱中，在 $(35\pm2)℃$ 的温度下放置 192h。

（4）试验完成后取出试样并揭去防蚀带，用丙酮、乙醇清洗，除去附着物，冷风干燥。

（5）将试验钢板在干燥器内放置 30min 后，称量试验钢板的质量，记为 m_2，精确到 0.1mg。

K.3 结 果 判 定

质量变化：按照式（K-1）进行计算，将 3 个试验结果的平均值精确到小数点后 2 位表示。

$$C = \frac{m_2 - m_1}{S} \qquad (K-1)$$

式中，C 为质量变化的数值，单位为毫克每平方毫米（mg/mm^2）；m_1 为试验前试验钢板质量的数值，单位为毫克（mg）；m_2 为试验后试验钢板质量的数值，单位为毫克（mg）；S 为试块总表面积的数值，单位为平方毫米（mm^2）。

外观：与新打磨试验钢板比较颜色变化，按表 K-1 等级表示。

表 K-1　颜色变化等级

级别	颜色变化	级别	颜色变化
0 级	光亮如初	2 级	明显变色
1 级	均匀轻微变色	3 级	严重变色或有明显腐蚀

3 片试验钢板取质量变化相同，颜色变化相同的两块定级，如各不相同则需要重做。

如果试验钢板的表面存在可见的表面粗糙、污迹、变色和其他异常时，应予以记录。

附 录 L

矿脂防蚀带耐化学品性试验方法

L.1 试 验 钢 板

按照附录 D.1 中的规定进行。

L.2 试 验 步 骤

L.2.1 试验钢板处理

按照附录 A.2.1 的规定对试验钢板进行打磨，清洗。

L.2.2 试验操作

（1）将矿脂防蚀带在试验钢板上完全、均匀、紧密包裹两层，带的接头位置应在试验钢板中部，且不在评定面的一侧，并用耐本试验用化学试剂的物质缠紧。

（2）将（1）的样品的 2/3 部分浸在盛有规定化学试剂的广口瓶中，静止放置 168h。

（3）每隔 24h，观察带的外观变化，并记录起泡、剥离等现象。

（4）达到规定时间后，取出试验钢板并揭去矿脂防蚀带，用乙醇、丙酮除去试验钢板的附着物，冷风干燥。将制好的试验片放在干燥容器内冷却。

L.3 结 果 判 定

按照附录 C 进行评定。

3 片试验钢板锈蚀度均达到 A 级，则视为耐该化学品，否则视为不耐该化学品。

参 考 文 献

[1] 中国科学院海洋领域战略研究组. 中国至 2050 年海洋科技发展路线图. 北京:科学出版社, 2009.

[2] Koch G H, Brongers M P H, Thompson, et al. Corrosion costs and preventive strategies in the United States. FHWA-RD-01-156.

[3] 日本的腐蚀损失调查报告, cost of corrosion in Japan, 平成 13 年.

[4] 侯保荣, 等. 海洋腐蚀与防护. 北京: 科学出版社, 1997.

[5] 海洋钢构筑物的防蚀技术编写委员会, 钢管桩防腐蚀方法研究小组. 海洋钢构筑物的防蚀技术. 东京: 技报堂出版, 2010.

[6] (财) 日本丸号帆船纪念财团: 横滨港的 140 年. 横滨: 横滨都市发展纪念馆, 1999.

[7] 松井仁茂. 关于埋设式护岸的土木材料变迁. 土木学会志, 1978: 10-12.

[8] 曹楚南. 悄悄进行的破坏——金属腐蚀. 北京: 清华大学出版社.

[9] de Sitter W R. Cost for service life optimization: The law of fives. Durability of Concrete Structures. Copenhagen, Denmark, 1984, 5: 18-20.

[10] 洪定海. 混凝土中钢筋的腐蚀与保护. 北京: 中国铁道出版社, 1998.

[11] 冈本刚, 井上胜也. 腐食と防食. 东京: 大日本图书, 1977: 105.

[12] 舒马赫 M. 海水腐蚀手册. 李大超, 杨荫, 译. 北京: 国防工业出版社, 1979.

[13] Humble A A. The cathodic protection of steel piling in sea water. Corrosion, 1949, 5(9): 292-302.

[14] 渡边常安. 海中構造物用鋼材の防食法. 海洋开发, 1973, 6 (5): 53-61.

[15] 善一章. 港湾施设の腐食と防食. 防食技术, 1985, 34 (3): 184-189.

[16] 朱相荣, 王相润, 等. 金属材料的海洋腐蚀与防护. 北京: 国防工业出版社, 1999: 18.

[17] 朱相荣, 黄桂桥, 林乐耘, 等. 金属材料长周期海水腐蚀规律研究. 中国腐蚀与防护学报, 2005, 25 (3): 142-148.

[18] 王相润, 黄桂桥, 尤建涛. 在不同海域长尺电连接低合金钢的腐蚀桂林研究. 腐蚀科学与防护技术, 1995, 7 (1): 71.

[19] 朱相荣, 王相润, 黄桂桥. 钢在海洋飞溅带的腐蚀与防护. 海洋科学, 1995, (3): 23-26.

[20] Boyd W K, Fink F W. The Corrosion of Metals in Marine Environments. Columbus: Metals and Ceramics Information Center, 1978: 48-51.

[21] 段继周. 海水和海泥环境中厌氧细菌对海洋用钢微生物腐蚀行为的影响. 青岛: 中国科学院海洋研究所博士生论文, 2006.

[22] LaQue F L. Marine Corrosion Causes and Prevention. A wiley-Interscience, 1975.

[23] 门智, 渡边常安. 低合金鋼の海水腐食. 防食技术, 1976, 25 (3): 173-190.

[24] Jeffrey R, Melchers R E. Corrosion of vertical mild steel strips in seawater. Corrosion Science, 2009, 51 (10): 2291-2297.

[25] 侯保荣，张经磊. 钢材在潮差区和海水全浸区的腐蚀行为. 海洋科学，1980，（4）：16-20.

[26] 友野理平. 腐食と防食用語事典. 東京：オーム社，1976：39-41.

[27] 曹楚南. 中国材料的自然环境腐蚀. 北京：化学工业出版社，2005.

[28] MCB UP Ltd. Splash zone corrosion and mariner steel corrosion technology. Anti-Corrosion Methods and Materials，1965，12（9）：30-31.

[29] Beavers J A，Koch G H，Berry W E. Corrosion of Metals in Marine Environments，Metals and Ceramics Information Center，A Department of Defense Information Analysis Center，Batelle Columbus Division，Columbus，OH 1986.

[30] Yunovich M，Mierzwa A J. Appendix F：Waterways and Ports. Dublin：Mierzwa CC Technologies Laboratories，Inc.

[31] Möller H. 8th International Corrosion Conference，The Corrosion Behaviour of Steel in Seawater. Department of Materials Science and Metallurgical Engineering University of Pretoria，2006：10.

[32] Powell C，Michels H. Review of Splash Zone Corrosion and Biofouling of C70600 Sheathed Steel During 20 Years Exposure. Proceedings of Euro Corr，2006：24-28.

[33] Rasmussen S N. Other factors in this area that need consideration include UV-light from the sun，but also erosion from the water，possible debris and in some places of the world even ice；Corrosion protection of offshore structures. Conference：Corrosion '89，New Orleans，LA（USA），1989，April 17-21

[34] Brondel D，Edwards R，Hayman A，et al. Corrosion in the oil industry. Oilfield Review，1994：4-18.

[35] Smith M，Bowley C. In situ protection of splash zones-30 years on corrosion. 2002 NACE International. Denver，2002，April 7-11.

[36] Kaiser M J. World offshore energy loss statistics，Energy Policy，2007，35：3496-3525.

[37] www. skylinesteel. com.

[38] Tinnea R，Ostbo B Evaluating the corrosion protection of a nuclear submarine drydock. Corrosion，2008. NACE International. New Orleans LA，2008，March 16-20.

[39] Steel Post Splash Zone with Inorganic Rust Prevention Material Construction Method Manual（Mighty CF-SP），Mighty Chemical Co.，Ltd. http://www.mighty-intl.com/pdf/services/CF Steel Post Rust Prevention Collar System Manual.pdf.

[40] Farro N W，Veleva L，Aguilar P. 215th ECS Meeting - San Francisco，CA2009. May 24-29.

[41] 高村昭. 海水飛沫帯における鋼の耐食性に及ぼす合金元素の影響. 防食技術，1970，19（7）：18-25.

[42] 大場健二. 新日鉄の溶接構造耐海水鋼 MARILOY. 製鉄研究，1975，284:20.

[43] Akira Y. Report of The 4th Technical Workshop on Steel Pipe Pile. 2009.

[44] Watanabe E，Wang C M，Utsunomiya T，et al. Very large floating structures：applications，analysis and design. CORE report no 2004-02. Center for Offshore Research and Engineering National University of Singapore，2004.

[45] Srinivasan K. Metallic Materials for Marine Applications IIM METAL NEWS VOL. 9 NO. 4

AUGUST 2006：17-21.

[46] Khanna A S，Bombay II T. Glassflake epoxy：An excellent system for offshore platforms splash zone. SSPC 2005 Conference Proceedings，2005：1-8.

[47] 张明洋. 低合金钢在不同海区长尺挂片结果. 1979 年腐蚀与防护学术报告会议论文集（海水、工业水和微生物）. 北京：科学出版社，1982.

[48] 侯保荣. 海洋结构钢腐蚀试验方法的研究. 海洋科学集刊，1981，18：87-95.

[49] 侯保荣. 海洋腐食環境と防食の科学. 東京：海文堂，1999.

[50] 侯保荣，等. 海洋腐蚀与防护. 北京：科学出版社，1997：30-32.

[51] 侯保荣，张经磊，王佳，等. 合金元素对低合金钢耐腐蚀性能影响的研究. 海洋科学集刊，1995，36：137-143.

[52] 朱相荣，黄桂桥. 钢在海洋浪花飞溅区的腐蚀行为探讨. 腐蚀科学与防护技术，1995，7：246-248.

[53] 崔秀岭，马中华，张陆，等. 实海浪花飞溅区低合金钢锈层分析（摘要）. 腐蚀科学与防护技术，1995，7（3）：253-254.

[54] 郭锦保. 化学海洋学. 厦门：厦门大学出版社，1997.

[55] 朱相荣，王相润，等. 金属材料的海洋腐蚀与防护. 北京：国防工业出版社，1999：18.

[56] 黄建中，左禹. 材料的耐蚀性和腐蚀数据. 北京：化学工业出版社，2003：100.

[57] 李金桂. 腐蚀控制设计手册. 北京：化学工业出版社，2006：17.

[58] 初世宪，王洪仁. 工程防腐蚀指南：设计·材料·方法·监理检测. 北京：化学工业出版社，2006：68.

[59] Meng H，Hu X，Neville A. A systematic erosion-corrosion study of two stainless steels in marine conditions via experimental design. Wear，2007，263（1-6）：355-362.

[60] Hossain K M A，Easa S M，Lachemi M. Evaluation of the effect of marine salts on urban built infrastructure. Building and Environment，2009，44（4）：713-722.

[61] Tomashov N D，Theory of Corrosion and Protection of Metals. London：MacMillan，1996：368.

[62] Wang J，Hou B R. Characteristics of the oxygen reduction in atmospheric corrosion. Chinese Journal of Oceanology and Limnology，1997，15（1）：36-41.

[63] Nishikata A，Yamashita Y，Katayama H，et al. An electrochemical impedance study on atmospheric corrosion of steels in a cyclic wet-dry conditionp. Corrosion Science，1995，37（12）：2059-2069.

[64] Vera Cruz R P，Nishikata A，Tsuru T. Pitting corrosion mechanism of stainless steels under wet-dry exposure in chloride-containing environments. Corrosions Science，1998，40（1）：125-139.

[65] 侯保荣，西方笃，水流徹. 钢材在海水-海气交换界面区的腐蚀行为. 海洋与湖沼，1995，26（5）：514-519.

[66] 夏伦进，侯保荣，王佳，等. 合金元素对低合金钢不同区带耐腐蚀性能影响的回归分析. 海洋科学集刊，1995：87-94.

[67] 田中礼治郎，重松石削，佐藤正孝. Si-Cr 系耐海水性鋼に関する研究. 三菱製鋼技報，

1973，7（2）：25-35.

[68] 侯保荣，郭公玉，孙可良，等. 合金元素对低合金钢在不同区带耐腐蚀性能影响的研究. 海洋与湖沼，1985，16（2）：116-120.

[69] 侯保荣，郭公玉，马士德，等. 海洋环境中海-气与海泥交换界面区腐蚀与防护研究. 海洋科学，1993，（2）：31-34.

[70] 崔秀岭，王相润，马中华，等. 浪花飞溅区 15MnMoVN 钢锈层的研究. 钢铁研究学报，1995，7（4）：43-49.

[71] 朱相荣. 海洋环境中铁锈的研究进展. 全面腐蚀控制，1998，12（2）：4.

[72] Mikhailov A，Strekalov P，Panchenko Y. Atmospheric corrosion of metals in regions of cold and extremely cold climate（a review）. Protection of Metals，2008，44（7）：644-659.

[73] Lye R E. Splash zone protection on offshore platforms-A Norwegian operator's experience. Materials Performance，2001，40（4）：40-45.

[74] Lye R E. Splash zone protection-a norwegian operator's view. Paper 01469 NACE Corrosion，2001.

[75] Tinnea R，Ostbo B. Evaluating the corrosion protection of a nuclear submarine drydock. Corrosion，Houston，Tx：Norsk Hydro Research Centre. 2008.

[76] Szokolik A. Splash zone protection: A review of 20 years' experience in bass strait. Journal of protective Coatings & Linings，1989，6（12）：46-55.

[77] Tadokoro Y，Nagatani T，Yoshida K，et al. Development of techniques for corrosion protection of steel structures for very long service using titanium. Nippon Steel Technical Report，1992（54）：17-26.

[78] Kodama T. Enhanced durability of structural steels in marine environment. NRIM Research Activities（Japan），1999：49-51.

[79] Kain R M. Evaluating material resistance to marine environments: some favorite experiments in review. Corrosion nacexpo 2006. 61st Annual Conference & Exposition.

[80] Szokolik A. Protecting splash zones of offshore platforms. Protective Coatings Europe（USA），2000，5（12）：32-38.

[81] 夏兰廷，黄桂桥，丁路平. 碳钢及低合金钢的海水腐蚀性能. 铸造设备研究，2002，（4）：14-17.

[82] Hou B R，Li Y T，Li Y X，et al. Effect of alloy elements on the anti-corrosion properties of low alloy steel. Bulletin of Materials Science，2000，23（3）：189-192.

[83] Pardo A，Merino M C，Coy A E，et al. Effect of Mo and Mn additions on the corrosion behaviour of AISI 304 and 316 stainless steels in H_2SO_4. Corrosion Science，2008，50（3）：780-794.

[84] Vaynman S，Guico R S，Fine M E，et al. Estimating of the atmospheric corrosion resistance of low-alloy steels. ASTM standard GIO1，1995，28（5）：1274-1276.

[85] Lunkfor W T，Samways N L，Craven R F，et al. The Making，Shaping and Treating of Steel. U. S. Steel，1985，10：11-13.

[86] Kinzel A N，Walter Crafts. The Alloys of Iron & Chromium. 1. New York: London，Pub. For

the Engineering foundation by the McGraw-Hill book company，inc.，1937.

[87] Speller F N. Corrosion，Causes and Prevention. 3rd ed. New York：McGraw-Hill，1951：106.

[88] 玉田明宏，藤田栄，清水義明，等. 海洋防食材料の耐食性支配因子. 材料と環境，1992，41（2）：89.

[89] 古村昌幸，角南英八郎，中沢利雄，等. 耐応力腐食性を備えた高張力油井管について. 日本鋼管技報，1969，46：113.

[90] 夏伦进，侯保荣，王佳，等. 合金元素对低合金钢不同区带耐腐蚀性能影响的回归分析. 海洋科学集刊，1995，36（10）：145-153.

[91] 侯保荣. 海洋结构钢腐蚀试验方法研究. 海洋科学集刊，1979，18：87-93.

[92] Larrabee C P. Corrosion resistant experimental steel for marine applications. Corrosion，1958，14：501-504.

[93] 侯保荣，张经磊，王佳，等. 合金元素对低合金钢耐腐蚀性能影响的研究. 海洋科学集刊，1995，36：137-143.

[94] Tinnea R，Ostbo B. Evalution the corrosion protection of a nuclear submarine drydock. 2008 NACE International，New Orleans LA，2008，March 16-20.

[95] 黄彦良. 一种浪花飞溅区钢铁设施腐蚀防护方法. 2004，CN1477232A.

[96] 顾正贤，陈树深. 海运码头钢管桩在潮差区和飞溅区的防护技术. 腐蚀与防护，2002，23（3）：119-120，123.

[97] Leng D L. Zinc mesh cathodic protection systems. Materials Performance，2000，39（8）：28-33.

[98] 王东林，张剑. 基础设施腐蚀研究及防护技术. 北京：化学工业出版社，2010.

[99] Greenwood-Sole G，Watkinson C J. New Glassflake Coating Technology for Offshore Applications. Corrosion，NACE International，2004.

[100] 王恩清. 无溶剂环氧聚氨酯涂料的研制. 涂料工业，2004，34（4）：28-31.

[101] 张立新. 重腐蚀涂层防护技术在海洋设备及埋地管道上的应用. 中国表面工程，2009，22（6）：F0002.

[102] 李杰，陈群尧，李红旗，等. 无溶剂环氧石油沥青重防蚀涂料研究. 腐蚀与防护，1999，20（2）：73-74.

[103] 宫瀬淳. 关西国际机场钢构筑物的综合防腐蚀. 防锈管理，1996，40（2）：45-51.

[104] 篠原洋司. 东京湾跨海大桥的概要. 防锈管理，1989，33（5）：139-143.

[105] 张启富，郝晓东. 钢结构腐蚀防护现状和发展. 建筑钢结构，2006，9：22-26.

[106] Voevodin N，Jeffcoate C，Simon L，et al. Characterization of pitting corrosion in bare and sol-gel coated aluminum 2024-T3 alloy. Surface and Coatings Technology，2001，140（1）：29-34.

[107] Hou B R，Zhang J，Duan J Z，et al. Corrosion of thermally sprayed zinc and aluminium coatings in simulated splash and tidal zone conditions. Corrosion Engineering Science and Technology，2003，38（2）：157-160.

[108] 陈家才，王旭东，孙冬柏，等. 热喷 Zn 涂层浪花飞溅区腐蚀的室内模拟研究. 中国表面工程，2010，23：30-41.

[109] 管敦怡，孙崇杰，冷岩喷锌保护在水工钢闸门中的应用. 山东水利学会第十届优秀学术论文集，2005：367-269.

[110] 吴涛，朱流，郦剑，等. 热喷涂技术现状与发展. 国外金属热处理，2005，4：2-6.

[111] Kain R M，Baker E A，Marine atmospheric corrosion museum report on the performance of thermal spray coatings on steel. Testing of Metallic and Inorganic coatings，Chicago，Illinois，USA，1987：211.

[112] Gartner F，Stoltenhoff T，Schmidt T，et al. The cold spray process and its potential for industrial applications. Journal of Thermal Spray Technology，2006，15（2）：223-232.

[113] Grujicic M，Zhao C L，Derosset W S，et al. Adiabaticshear instability based mechanism for particles/substrate bonding in the cold-gas dynamic-spray process. Materials & Design，2004，25（8）：681-688.

[114] Dykhuizen R C，Smith M F. Gas dynamic principles of coldspray. Journal of Thermal Spray Technology，1998，7（2）：205-212.

[115] Grujicic M，Zhao C L，Tong C，et al. Analysis of the impact velocity of powder particles in the cold-gas dynamic-spray process. Materials Science & Engineering A，2004，368（1-2）：222-230.

[116] Morgan R，Fox P，Pattison J，et al. Analysis of cold gas dynamically sprayed aluminium deposits. Materials Letters，2004，58（7-8）：1317-1320.

[117] Barradas S，Molins R，Jeandin M，et al. Application of laser shock adhesion testing to the study of the interlamellar strength and coating-substrate adhesion in cold-sprayed copper coating of aluminum. Surface & Coatings Technology，2005，197（1）：18-27.

[118] Wang H R，Li W Y，Ma L，et al. Corrosion behavior of cold sprayed titanium protective coating on 1Cr13 sub-strate in seawater. Surface and Coatings Technology，2007，201（9/11）：5203-5206.

[119] 侯保荣. 钢铁设施在海洋浪花飞溅区的腐蚀行为及其 PTC 包覆防护技术. 腐蚀与防护，2007，28（4）：174-175.

[120] 刘建国，李言涛，侯保荣. 防锈油脂概述. 腐蚀科学与防护技术，2008，20（5）：372-376.

[121] 胡性禄. 润滑脂基础. 石油商技，2004，22（1）：48-51.